Livre 1 : La Terre

Chapitre 1 : Comment la Terre tourne sur elle-même et autour du Soleil ?

Dans ce premier Livre, nous allons étudier en détails les principaux mouvements de la Terre.

Il n'y a rien de plus curieux que ces mouvements et leurs conséquences sur notre vie matérielle comme sur les jugements de notre esprit. Ce sont eux qui fournissent la mesure du temps, et notre vie tout entière est réglée par cette mesure. La durée même de notre existence, les périodes qui la partagent, les fonctions qui l'occupent, notre calendrier annuel comme les époques de l'histoire, sont autant d'effets intimement liés au mouvement de la Terre.

Quelle inépuisable variété distingue les mondes les uns des autres ! Sur la Lune, par exemple, il n'y a que douze jours et douze nuits par an, et l'année a la même durée que la nôtre. Ici, nous comptons 365 jours par an. Sur Jupiter, qui ne tourne pas d'une pièce, mais dont la vitesse dépend de la *latitude*, l'année est presque de douze ans (4332.01 jours, soit environ 11.86 ans terrestre), et le jour plus court de plus de la moitié, de telle sorte qu'il y a 10.500 jours par an, un jour équivalent à 9h55min27.3s. Sur Saturne, autre planète gazeuse, son année dure environ 29.44 ans terrestre.

La succession du jour et de la nuit a naturellement fourni la première échelle de temps. C'est le fait naturel qui nous frappe le plus, et ce n'est que plus tard que l'on a remarqué la succession des saisons évaluées en leur durée, et reconnu la longueur de l'année. Les phases de la Lune sont plus rapides et plus frappantes que les saisons, et le temps a dû être divisé en jours et en mois longtemps avant d'être divisé par année. Les antiques poèmes de l'Inde nous ont même conservé les derniers échos des craintes des premiers hommes.

L'heure du Soleil, comme il est courant de le dire dans nos campagnes, dépend du lieu où l'on se trouve. Un peu de réflexion suffit à en faire comprendre la cause :

Grâce au mouvement de rotation de notre planète, toutes les régions terrestres traversent alternativement la lumière et l'ombre, le jour et la nuit. L'un et l'autre règnent à tout moment ici ou là. L'activité humaine ne s'endort complètement à aucun moment sur Terre. Mais elle ralentit d'un coté pour accélérer de l'autre.

Charles-Quint (1500-1558) se vantait de l'étendue de ses États, sur lesquels le Soleil ne se couchait jamais.

Notre globe est isolé dans l'espace, et il n'y a ni haut ni bas dans l'univers. Considérons le à un moment quelconque, par exemple à l'heure où nous comptons midi. Nous nous trouvons sur la ligne médiane de l'hémisphère éclairé par le Soleil. Le globe terrestre produit par lui-même une ombre à l'opposé de la lumière solaire : les pays situés dans l'hémisphère opposé au nôtre sont alors plongés dans l'ombre ou la nuit. La nuit n'est donc autre chose, hormis en poésie ou philosophie, l'état de la partie non éclairée. La Terre tourne, et douze plus tard, nous serons à notre tour dans l'ombre ou la nuit.

Mais cette ombre produite par la Terre ne s'étend pas dans tout l'univers, comme la première impression pourrait laisser croire, et tout ce qui est en dehors reste bien évidemment éclairé : La Lune et les planètes continuent de recevoir la lumière solaire. Cela s'explique en s'intéressant aux dimensions de chacun.

Le Soleil étant environ 109 fois plus grand que la Terre, cette ombre « derrière » la Terre forme un cône dont la pointe se situe entre 1 409 538 et 1 473 318 km du centre de la Terre (entre 221 et 231 rayon terrestre).

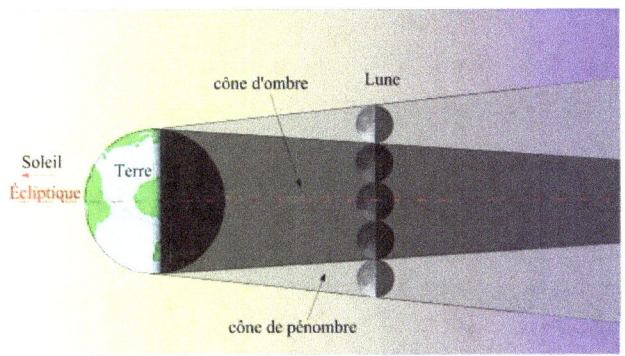

Cône d'ombre et de pénombre

La Lune, dont la distance moyenne avec la Terre est de 384 402km (environ 30 fois le diamètre de la Terre), apparaît plus ou moins éclairée par le Soleil, donnant les phases lunaires :

- La nouvelle Lune ;

- Quadrature Ouest ;

- Pleine Lune ;

- Quadrature Est.

Nous pouvons prendre pour image de la Terre une petite boule traversée par une aiguille, et supposer que nous fassions tourner celle-ci entre deux doigts. L'aiguille représente l'axe, les deux points diamétralement opposés et traversés par l'aiguille correspondent aux pôles terrestres.

Voilà deux notions importantes et, comme on le voit, facile à retenir. Nous savons maintenant ce qu'est l'axe du globe : c'est la ligne idéale qui le traverse et autour de laquelle s'exécute son mouvement de rotation. Nous voyons aussi ce que nous définissons comme pôles terrestre.

Imaginons tenir cette boule avec l'aiguille vers nous. Imaginons aussi ce pôle comme le pôle nord. Il nous faut alors faire tourner cette boule dans le sens trigonométrique, dans le sens inverse des aiguilles d'une montre, pour simuler la rotation de la Terre.

Cela correspond donc en un mouvement d'Ouest en Est.

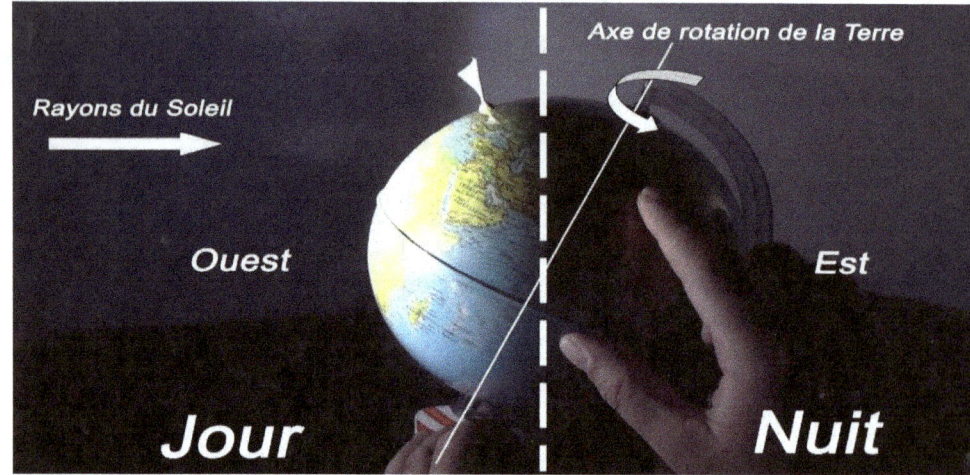

Sur la figure ci-dessus, nous voyons comment les divers pays du globe passent par le jour et par la nuit.

Sur ce globe, nous pouvons imaginer Paris se trouvant juste au-dessous du Soleil, et nous pouvons alors compter midi. Les pays situés à gauche de la France sont à l'Orient (Est), et sortis de l'ombre avant elle. Tous les pays situés sur une même ligne horaire ont la même heure en même temps. Ces lignes horaires sont les *méridiens*, qui se différencient les uns des autres par leur longitude. Ce sont de grands cercles qui divergent du pôle. Si on coupe la sphère en deux, à égale distance des deux pôles, par un plan perpendiculaire à l'axe, nous obtenons l'équateur terrestre, c'est la soudure des deux demi-sphères du globe qui délimite la figure 2. Pour mesurer les distances entre les pôles et l'équateur, on trace des cercles successifs, parallèles à l'équateur, et qui prennent le nom de *parallèles de latitude*.

Quand il est midi à Paris, il est midi en même temps tout le long de la ligne méridienne tracée du pôle nord au pôle sud. Paris, Barcelone, Alger sont donc sur le même fuseau horaire. Il en est de même pour chaque *longitude*.

Il en résulte un fait un peu étonnant :

Si un avion suit le parallèle géographique de Paris à la vitesse de 1100km/h, soit 305m/s, en se dirigeant vers l'Ouest, il verrait sans cesse le Soleil en haut à sa gauche, s'il est parti à midi (heure solaire) de Paris. Tandis qu'il accompli le tour du monde, toujours en plein Soleil, l'horloge de l'aéroport marquera une avancée de 24h, où se sont succédé jour et nuit pour les personnes restées au sol.

Tous les voyageurs se dirigeant vers l'Ouest, et qui datant leur journal de bord en suivant seulement les cycles jour/nuit, se verrai avec un jour de moins.

Le temps local est utilisé chaque jour par les astronomes, les géodésiens, les explorateurs, les navigateurs, et cependant, ce n'est pas lui qui règle nos vies. Le développement des moyens rapides de transmission et de communication a nécessité, dès le milieu du 19è siècle, l'adoption d'un temps unique sur tout le territoire national. Unifier l'heure dans un pays était la première étape, la seconde était d'unifier les horaires sur l'ensemble du globe.

Pour cela, revenons sur la durée de rotation de la Terre. La durée du jour se rapporte au Soleil, autour duquel la Terre est en mouvement et qui constitue un repère mobile.

Au contraire, une étoile, beaucoup plus distante, constitue un repère plutôt invariant. Or, les passages successifs d'une même étoile au méridien se font, non pas en 24h (soit 86 400 secondes) mais en 86 164 secondes, soit 23h 56 min 4 s.

La différence entre la durée de la rotation et celle du jour solaire s'explique très facilement si on réfléchit à la manière dont la Terre tourne sur elle-même et autour du Soleil.

Considérons le globe terrestre à un moment quelconque, il tourne autour du Soleil de la gauche vers la droite le long d'une orbite qu'il emploie une année à parcourir, et tourne en même temps sur chaque jour sur lui-même.

A midi, un point du globe se situe donc devant le Soleil. Lorsque la Terre aura accompli une rotation entière, elle sera décalée par translation sur son orbite, et la différence pour que le point initialement choisi à midi se retrouve à nouveau devant le Soleil, il faut qu'elle tourne encore pendant 3 minutes et 56 secondes.

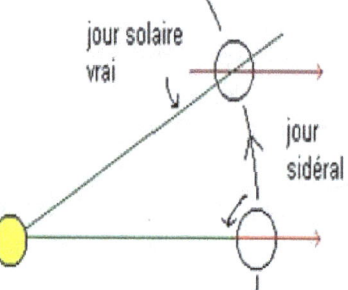

Différence jour solaire et jour sidéral

Et cela tous les jours de l'année. C'est ce qui fait que le jour solaire ou civil est plus long que la rotation diurne du globe, nommé *jour sidéral*. Il n'y a donc pas 365 jours par an, mais 365 jours un quart. C'est pour cela qu'une fois tous les quatre ans, nous rajoutons un jour, l'année bissextile.

Cet écart de 3 minutes 56 secondes n'est malgré tout pas constant. Il s'agit d'une moyenne.

En effet, le retard quotidien du Soleil n'est que de 3 minutes 38 secondes en mars, 3 minutes 35 secondes milieu septembre ; mais vers le 20 juin il atteint 4 minutes 09s, et même 4 minutes 26s fin décembre.

Deux autres dates semblent particulières :

Les midis « *vrais* », solaire, entre le 16 et 17 septembre n'est que de 23h 59m 39s ; et entre le 23 et 24 décembre il est de 24h 0m 30s.

Ces écarts, dont l'accumulation quotidienne produit des effets notables que nous détaillerons plus loin, sont dus à deux causes.

D'une part, le mouvement de la Terre par rapport au Soleil est d'autant plus rapide que la Terre est proche du Soleil, vers début janvier (périhélie), tandis qu'elle est le plus éloignée (aphélie) au mois de juillet.

D'autre part, l'axe de rotation de la Terre est oblique de 23° par rapport au plan de l'écliptique, et de ce fait, les écarts sont plus grands vers les solstices qu'aux équinoxes.

De ces deux faits, ce dernier est le plus considérable.

Cela veut-il dire que les cadrans solaires ne sont devenus qu'une décoration ? Non, mais il faut savoir s'en servir correctement

Il faut savoir convertir le temps solaire en temps civil local.

Cette conversion s'opère simplement au moyen d'une correction, appelée *équation du temps*, dont le tableau ci après indique la valeur aux diverses époques de l'année. Ensuite, on ajoute au

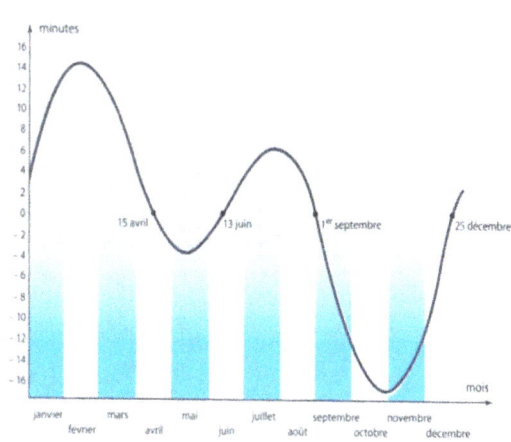

L'équation du temps représente les minutes de décalage

temps civil local la différence entre la longitude du lieu où on se trouve et celle du méridien auquel se rapporte le temps légal en vigueur.

Ces valeurs varient de quelques secondes d'une année à l'autre, ce qui ne permet pas une bonne précision, mais ces informations se trouvent facilement sur internet dans les annuaires astronomiques.

Le public ne demande pas une précision absolue pour les usages de la vie courante. Nous avons eu, pour les moins jeunes d'entre nous, l'horloge parlante, qui indiquait l'heure légale précise, à un ou deux centièmes de seconde près.

Horloge atomique au rubidium, 1995

Puis sont apparues les horloges, improprement appelées horloge atomique. Nous aurons l'occasion de reparler de ces horloges au chapitre consacré aux instruments d'astrophysique.

Pourquoi une telle poursuite de l'exactitude ?

C'est que, depuis Kepler, quelques esprits ont regretté de ne pas disposer d'horloges assez précises pour contrôler la rotation de la Terre.

Lointaine survivante de l'aristotélisme, l'idée d'une parfaite régularité de la rotation de la Terre a été enseigné comme un dogme jusqu'au milieu du 20è siècle.

Pourtant, dès 1687, Newton écrivait : « *Il est possible qu'il n'y ait point de mouvement parfaitement uniforme qui puisse servir à la mesure du temps* ». Un siècle plus tard, Lalande osait dire que, lorsqu'on aurait suffisamment perfectionné les horloges, on aurait les moyens de rechercher de petites inégalités de la rotation de la Terre.

Cette prophétie était tombée dans un profond oubli lorsqu'elle reçut, naguère, une éclatante justification. On ne croit plus aujourd'hui que la Terre tourne sur elle-même avec la régularité d'un corps solide idéal, et nous avons appris à déterminer les inégalités de son mouvement.

En premier lieu, les marées océaniques et continentales causées par l'attraction lunaire et solaire font sur la Terre l'effet d'un frein. La durée de sa révolution, que nous avons indiqué précédemment de 86 164 secondes, augmente de 0.00164 secondes chaque siècle.

Ce qui pourrait paraître dérisoire, mais les effets cumulatifs croissent comme le carré du temps, si bien qu'on évalue à 3h le retard de la rotation de la Terre, depuis l'époque d'Hipparque (190 av. JC - 120 av. JC), le plus célèbre des astronomes Alexandrins.

Une horloge naturelle, la Lune, produit des éclipses avec une avance de plusieurs heures, si on se base sur les calculs des observations anciennes.

Autre phénomène *à vérifier*, la Terre tourne un peu plus lentement en mars qu'en septembre, la variation totale annuelle de la durée du jour terrestre étant de 2 millièmes de seconde. C'est la comparaison du temps astronomique et du temps fourni par de très bonnes horloges qui a fait découvrir ces variations saisonnières. On possède donc aujourd'hui des horloges dont la marche est plus régulière que la rotation de la Terre.

La rotation de la Terre sur elle-même et sa révolution annuelle sont deux faits tout à fait indépendants l'un de l'autre et qui n'ont pas entre eux de communes mesures.

Une révolution complète de notre globe autour du soleil n'est pas de 365 jours exactement, ni même 366, mais bien 365 jours un quart. Il en résulte une obligation d'ajouter, tous les quatre ans, un jour de plus, le 29 février. L'année bissextile.

Mais ces 365 jours un quart ne restent qu'une approximation elle aussi. Et si on conservait ce jour en plus tous les quatre ans, on dépasserait alors, en accumulant, le vrai « passage » à l'année suivante.

C'est ce qui est déjà arrivé ! Et qui occasionnera la réforme du calendrier par le pape Grégoire XIII :

Cette année de 1582, on dû retrancher 10 jours accumulés depuis Jules César qui, dans le dernier siècle qui précéda l'ère chrétienne, avait ajouté un quart de jour à l'année fixée jusqu'alors à 365 jours exactement.

Les astronomes du 16è siècle corrigèrent le retard du calendrier :

Au jeudi 4 octobre 1582 succéda le vendredi 15 dans la plupart des pays catholiques, et on décida, pour éviter le retour d'une pareille différence, de retrancher trois années bissextiles séculaires sur quatre. Ainsi, les années 1700, 1800 et 1900, bissextiles dans le calendrier Julien, ne le sont plus dans le calendrier Grégorien.

A noter que l'an 2000 y était.

Pour des motifs religieux et/ou politiques, certains pays n'ont adopté cette réforme que tardivement. Ils préféraient être en désaccord avec la nature que d'accord avec le pape... Leur calendrier était donc en retard de 13 jours.

Aujourd'hui, heureusement, le calendrier Grégorien est universel.

La durée de l'année exacte est de 365 jours 5h 48 min 46 s. Telle est la durée de l'année tropique, c'est-à-dire de la révolution des saisons, qui constitue pour nous le fait principal du mouvement apparent du soleil.

A cela il faut ajouter la précession des équinoxes, qui fait varier de 20 minutes 30s l'instant où la Terre atteint le point de l'espace pour accomplir sa révolution complète.

La révolution astronomique est alors de 365 jours 6h 9m 11 s.

Chapitre 2 : Inclinaison de l'axe

Nous venons d'étudier la rotation diurne de la Terre et ses effets, et déjà l'examen du nombre de jours de l'année nous a conduits à l'étude de la translation annuelle autour du Soleil.

Continuons l'analyse de ces mouvements.

La planète mobile sur laquelle se joue le jeu de nos destinées vogue dans l'espace en traçant sa route autour du Soleil. Le jour succède à la nuit, le printemps à l'hiver.

De la translation de notre planète autour du foyer de la chaleur et de la lumière résultent les climats et saisons. Dans les régions polaires, le Soleil oblique n'envoie qu'une faible chaleur et une pâle lumière, zones désolées où le voyageur n'a souvent pour Soleil qu'un long crépuscule vaguement illuminé des rayons de l'aurore boréale, tandis que dans les régions tropicales, un Soleil ardent darde ses rayons verticalement au-dessus de la tête, et que la Terre baignée dans cette tiède température se revêt d'une exubérante végétation.

Là les contrées boréales, ici les pays africains : c'est le Soleil qui produit climats et saisons.

L'orbite parcourue par notre globe dans son voyage de circumnavigation annuelle autour du Soleil n'est pas circulaire, mais légèrement elliptique, comme nous l'avons plus haut. Chacun sait comment on trace une ellipse.

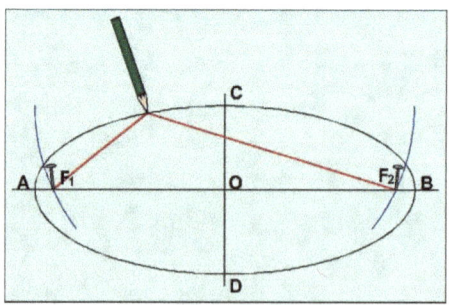

Le procédé le plus simple est celui dont se servent les jardiniers. On plante deux piquets auxquels sont attachés les bouts d'une ficelle plus longue que la distance qui sépare les piquets, puis on tend la ficelle à l'aide d'une pointe, puis on trace l'ellipse en suivant le parcours produit par la ficelle.

Plus les piquets sont rapprochés, plus on se rapproche d'un cercle ; plus ils sont espacés, plus on s'écarte de cette figure géométrique de base.

Il se trouve que tous les objets célestes suivent plus ou moins une ellipse, mais pas un cercle.

Les points représentés par les piquets F1 et F2 sont appelés les *foyers*, le centre est en 0, le diamètre AB s'appelle le *grand axe*, tandis que le diamètre CD se nomme le *petit axe*.

On appelle écliptique le plan qui contient cette ellipse et qui passe par le Soleil.

Nous pouvons constater que le Soleil occupe l'un des *foyers* de l'ellipse suivie par notre globe.

Il en résulte un point sur cette ellipse où la Terre est la plus éloignée du Soleil, qui se nomme l'*aphélie* (de *Hélios :* Soleil). De l'autre côté, il existe un point où notre planète est au plus près du Soleil, qui se nomme *périhélie*.

Parlons distance :

- Distance moyenne : 149 597 870 700 m. C'est ce qu'on nomme 1 ua (unité astronomique),

- Aphélie : 152 100 527 044 m (1.017 ua),

- Périhélie : 147 105 052 497 m (0.983 ua).

On voit que la Terre est d'environ 5 millions de kilomètres plus proche du Soleil. Le périhélie se passe vers le 3 janvier. C'est à ce moment qu'elle reçoit, dans son ensemble, le plus de chaleur.

Mais alors, l'hémisphère nord est en plein hiver, elle reçoit les rayons du Soleil obliquement, en échauffant à peine l'hémisphère, les jours étant plus court que les nuits.

Tandis qu'au sud, le flux de chaleur arrive presque perpendiculairement, les jours étant plus long que les nuits.

L'inverse à lieu vers le 4 juillet. Il semble donc que l'été austral devrait être plus chaud que l'été boréal en raison de la plus grande proximité du Soleil. Mais les deux hémisphères sont loin de représenter des similitudes : l'hémisphère nord étant plus continental, alors que le sud est plus océanique. 60% de l'hémisphère nord est océanique. 80% pour l'hémisphère sud (pour information, le ratio total sur Terre est de 71% d'océans).

En outre, nous verrons que le mouvement de la Terre autour du Soleil est plus important au périhélie, et que par conséquence, il y a 186 jours plus longs que de nuits dans l'hémisphère nord, et 179 dans l'hémisphère austral. En fin de compte, la météorologie des deux hémisphères n'offre pas des différences aussi tranchées qu'on pourrait le supposer *a priori*...

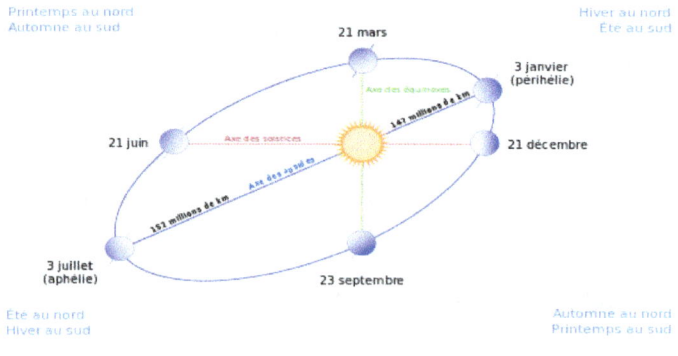

Orbite de la Terre

Le lecteur se rendra compte très facilement de la manière dont la Terre tourne autour du Soleil en examinant la figure ci-contre.

On observe que la Terre garde toujours son axe de rotation dans la même direction absolue, toujours parallèle à lui-même, et que, comme il n'est pas perpendiculaire sur le plan de l'écliptique, mais incliné de 66,56°, chaque pôle est pendant six mois éclairé et six mois non éclairé.

Aux deux équinoxes, le cercle qui limite l'hémisphère illuminé passe juste par les deux pôles, de sorte que, comme on le voit, les 24h du jour sont donc partagées en deux moitiés égales entre jour et nuit. Mais à mesure qu'on avance vers l'été l'inclinaison de l'axe fait que la lumière empiète de plus en plus au-delà du pôle nord, ce qui a comme conséquence des journées plus longues. Le contraire se passe durant l'hiver.

On peut par exemple s'apercevoir qu'à Paris, en juin, le jour dur 16h et la nuit 8h. A contrario, en décembre, le jour dure 8h pour 16h de nuit.

L'inclinaison de la Terre sur son axe produit une différence dans les durées du jour et de la nuit, suivant la situation des pays que l'on habite. A l'équateur, on a constamment 12h de jour et 12h de nuit. Lorsqu'on arrive à une distance angulaire du pôle nord égale à l'obliquité de l'écliptique, c'est à dire à 23.44° du pôle (ou 66.56° de latitude austral), le Soleil ne se couche pas le jour du solstice d'été.

La France, qui se positionne entre 42° et 51° de latitude, le jour le plus long y est de 16h33m et le plus court enregistré est de 7h58m.

Le mouvement de rotation de la Terre étant régit par l'attraction solaire, elle circule plus rapidement au périhélie qu'à l'aphélie. La longueur de l'immense courbe décrite chaque année par notre planète est de 939 237 000 km, à une vitesse de 107 320 km/h, 1786 km/min, 29 770 m/s.

La vitesse maximale est de 30 270 km/h en janvier, et 29 270 km/h en juillet. Ainsi, pendant qu'elle accomplit une rotation sur elle-même (à 1674 km/h à l'équateur), la Terre se déplace sur son orbite de 200 fois son diamètre.

Pour en finir avec ce chapitre, il nous reste à mentionner le troisième mouvement de ma Terre.

Par son mouvement mensuel autour de notre globe, la Lune déplace le globe tout entier dans l'espace, car la Terre et la Lune tournent comme un couple autour de leur centre commun de gravité.

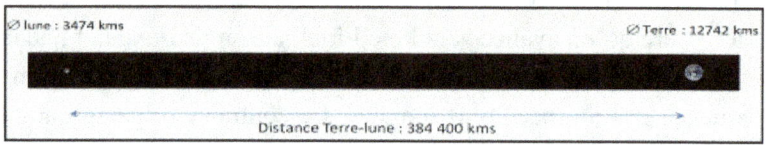

Distance Terre - Lune à l'échelle

La masse de la Lune correspond à 1.23% de la masse de la Terre (5.972×10^{24} kg), ce centre de gravité se trouve très proche du centre de la Terre, à 4660 km, et nous tournons mensuellement autour de ce point situé à l'intérieur de notre planète, au 3/4 de son rayon. A la nouvelle Lune, notre satellite se trouvant entre le Soleil et nous, nous sommes un peu plus loin du Soleil si la Lune n'était pas là.

A la pleine Lune, nous en sommes, au contraire, un peu plus proche. Au premier quartier nous sommes un peu en avance sur notre orbite, car la Lune nous suit. Au dernier quartier de Lune, nous sommes en retard car la Lune nous précède. Ce mouvement terrestre se traduit pour nous par une variation périodique dans la grandeur et la position du Soleil. Cet astre paraît un peu plus petit à la nouvelle Lune qu'à la pleine Lune et, entre le premier et le dernier quartier, il paraît se déplacer de la 150ème partie de son diamètre.

Chapitre 3 : La précession des équinoxes.

Nous venons d'apprécier la vitesse de sa translation annuelle autour du Soleil, les effets de la rotation diurne sur elle-même, et le déplacement mensuel de la Terre causé par la présence de la Lune. Ces trois mouvements ne sont pas les seuls dont notre boule tournante soit animée. En voici maintenant un quatrième, dû à l'attraction de la Lune et du Soleil sur la Terre.

L'axe autour duquel la rotation diurne s'effectue et qui reste dirigé pendant toute l'année vers le même point du ciel, vers le pôle, n'a pas une fixité absolue. Il se déplace lentement en décrivant un cône de 47° d'ouverture, un peu comme une toupie tournant rapidement sur elle-même, et dont l'axe trace un cône dans l'espace. Le plan céleste étant le point le plus abouti de l'axe terrestre prolongé, il en résulte un déplacement séculaire de ce point parmi les étoiles. Ce n'est pas toujours la même étoile qui peut porter le nom d'*étoile polaire*. Actuellement, c'est l'étoile de l'extrémité de la queue de la *Petite Ours* qui est la plus proche du pôle et à reçu ce nom caractéristique. Elle en est distante d'un peu moins d'1°, mais elle s'en approche. Vers 2100, elle ne sera plus qu'à 28 minutes.

Ensuite, elle s'en éloignera pour n'y revenir que dans 26 millénaires. La période de ce *mouvement de précession* est actuellement de 25 780 ans. D'autre part, le pôle de l'écliptique, centre autour duquel se fait le déplacement du pôle céleste, n'est pas invariant sur la sphère étoilée, le plan écliptique oscillant très lentement sous l'effet des perturbations que la Terre subit de la part des autres planètes ; tant il est vrai que dans notre univers, rien n'est immuable, rien ne nous donner la notion de repos absolu

Par suite de ce très lent déplacement, la courbe décrite par le pôle s'écarte un peu d'un cercle parfait.

Un cinquième mouvement s'ajoute. Pendant que l'axe idéal autour duquel la Terre accomplit sa rotation diurne parcourt un cycle de 258 siècles, l'influence de la Lune fait décrire à cet axe un mouvement giratoire supplémentaire, de petite amplitude, en vertu duquel le pôle dessine sur la sphère céleste une ellipse parcourue en 18 ans 7 mois.

Le grand axe de cette ellipse est dirigé vers le pôle de l'écliptique, et sa longueur n'est que 18 secondes. L'autre axe mesure, lui, 14 secondes. Par analogie, il s'agit à peu près des dimensions angulaires d'un gros citron vu à un kilomètre de distance.

On a donné à ce mouvement, découvert en 1737 par l'astronome anglais James Bradley (1692-1762), le nom de *nutation*. Le pôle ne se maintient pas exactement sur la courbe régulière, la nutation fait onduler sa marche réelle de part et d'autre de cette courbe. Ainsi, il se greffe sur sa marche séculaire un mouvement de lacet, et ce serait encore une raison pour que le pôle ne revînt jamais rigoureusement à son point de départ.

On peut en déduire que, 2600 ans environ avant notre ère, l'étoile la plus proche du pôle, c'est à dire l'étoile polaire de cette lointaine époque, était α (alpha) de la constellation du Dragon, de magnitude 3.6. Elle fut célèbre à ce titre en Chine et en Égypte. Les anciens astronomes chinois l'ont inscrite dans leurs annales du temps de l'empereur Hoang-Ti, qui régnait à l'an 2700 avant notre ère.

Le pôle passa ensuite par β (bêta) de la Petite Ours, et κ (kappa) du Dragon. C'était du temps de la sphère de Chiron, la plus ancienne sphère connue, construite à l'époque des Argonautes, 1200 ans avant notre ère.

Au commencement de notre ère, aucune étoile brillante n'indiquait la place du pôle. Vers l'an 800, il passa tout près d'une petite étoile double de la Girafe. Mais l'étoile Polaire, de magnitude 2, est en réalité l'une des plus brillantes de celles qui se trouvent sur le chemin du pôle, et elle jouit de son titre depuis plus de mille ans. Elle pourra le conserver jusqu'à l'an 3500, époque à laquelle le mouvement du pôle s'approchera d'une étoile de magnitude 3: il s'agit de ϒ (gamma) de Céphée.

A l'an 6000, il passera entre deux autres étoiles de magnitude 3, β (bêta) et ι (iota) de la même constellation.

Pendant cette durée, les aspects de la sphère céleste se modifieront avec le mouvement du pôle Le ciel des différentes contrées se renouvelle. Il y a quelques milliers d'années, par exemple, la *Croix-du-Sud* était visible en Europe, alors que dans quelques milliers d'années, Sirius aura disparu de notre ciel européen.

La dernière fois que le pôle occupait la place qu'il occupe « en ce moment », il y a 25 800 ans. Ainsi, le ciel étoilé tout entier paraît animé d'un mouvement qui le fait tourner lentement autour d'un axe aboutissant au pôle de l'écliptique. Il résulte de ce mouvement général que les étoiles ne restent pas deux années de suite aux mêmes points du ciel, et qu'elles marchent toutes ensemble pour accomplir, pendant cette longue période, une révolution totale. De loin en loin, nous sommes obligés de retracer nos cartes célestes pour en faire en quelque sorte glisser le canevas par rapport aux étoiles. Les cartes faites en l'année 1900, ne conviennent plus aujourd'hui. Il y des formules mathématiques très précises pour calculer les effets de ce mouvement et pour déterminer les positions exactes des étoiles quelconques du passé ou de l'avenir.

En réalité, ce mouvement n'appartient pas au ciel, pas plus que le mouvement diurne ni le mouvement annuel. C'est la Terre seule qui en est animé, et c'est son axe qui accomplit pendant cette longue période une révolution, en sens contraire du mouvement de rotation diurne. Ce mouvement est causé par l'attraction combinée du Soleil et de la Lune sur le renflement équatorial de la Terre. Si la Terre était parfaitement sphérique, ce mouvement rétrograde n'existerait pas. Mais elle est aplatie à ses pôles et renflée à son équateur. L'action du Soleil et de la Lune sur ce bourrelet équatorial fait rétrograder les pôles et elle entraîne dans ce mouvement le globe tout entier. Ce phénomène a été découvert par le grand astronome grec Hipparque (190-120 avant notre ère), vers -130. L'explication a été donnée par I. Newton (1643-1727) en 1687.

Ce quatrième mouvement de la Terre a reçu le nom de *précession des équinoxes*, parce qu'il cause, chaque année, un avancement de l'équinoxe du printemps sur la révolution réelle de la Terre autour du Soleil. Les positions des étoiles sur la sphère céleste sont comptées à partir d'une ligne tracée du pôle au point où l'équateur est traversé par le Soleil au moment de l'équinoxe de printemps. C'est le *point vernal*, ou point Υ (gamma), déformation graphique du signe qui correspond à la constellation zodiacale du bélier. Ce point avance chaque année de l'orient vers l'occident.

L'équinoxe parcourt donc successivement tous les points de l'équateur en 25 780 ans. Sa vitesse moyenne est de 50 secondes d'arc par an. (Nous rappellerons plus loin les notions d'heure, minutes, seconde d'arc).

Les étoiles situées dans la région du ciel que le Soleil semble parcourir, en vertu de son mouvement apparent annuel, furent partagées à une époque inconnue, mais qu'on peut situer entre les Sumériens vers -2450 et Aratos de Soles vers -315 (cela reste toutefois à vérifier), en douze groupes, appelés *constellations zodiacales*. Le premier, dans lequel se trouvait le Soleil au moment de l'équinoxe il y a 2000 ans, pris le nom de *bélier*.

L'horloge astronomique de la cathédrale de Strasbourg

Le deuxième, en suivant de l'occident vers l'orient, s'appelle le *taureau*. Le troisième groupe est celui des *gémeaux*. Les trois suivants sont le *cancer*, le *lion* et la *vierge*. Les six autres sont la *balance*, le *scorpion*, le *sagittaire*, le *capricorne,* le *verseau* et les *poissons*.

L'équinoxe de printemps a quitté le bélier depuis longtemps, il est actuellement dans la constellation des *poissons*, et, dans une dizaine de siècle, il sera dans celle du *verseau*. La ligne de l'écliptique est la ligne médiane du zodiaque.

Chapitre 4 : Perturbations de la Terre

Mouvement du Soleil dans l'espace.

Dans les chapitres précédents, nous avons décrit quelques-uns des mouvements dont notre globe est animé : mouvement de rotation autour de son axe, mouvement de translation autour du Soleil et du centre de gravité de la Terre et de la Lune, déplacement lent de son axe de rotation sous l'action combinée du Soleil et de la Lune (*précession*), et la Lune seule (*nutation*).

Il reste à décrire divers autres mouvements de la Terre, dus, ceux-là, à l'attraction exercée par les autres planètes sur le Soleil et sur la Terre : ce sont les perturbations des mouvements célestes. Leur existence fut annoncée par Isaac Newton en 1687, dans son ouvrage : *Principes de la Philosophie Naturelle*, comme conséquence nécessaire de la loi générale de l'attraction universelle :

Tous les corps s'attirent, la force d'attraction étant directement proportionnelle à leurs masses, et en raison inverse du carré de leur distance. La 3ème loi de Newton : $F1 = F2 = mMG / d^2$.

Les masses des planètes étant très petites devant celle du Soleil (98% de la masse du système solaire pour le Soleil), leurs attractions mutuelles sont faibles par rapport à la force exercée sur chacune d'elle par notre étoile, mais elles ne sont pas négligeables pour autant. Ils se traduisent par de lentes déformations des orbites.

La Terre n'échappe pas au sort commun, ainsi que nous allons le montrer en énumérant quelques-unes des perturbations qu'elle subit.

En ce moment, l'axe de notre planète est incliné de 23,44° sur la perpendiculaire par rapport au plan de l'écliptique. Cette obliquité varie aussi au cours du temps. Par exemple, selon Ptolémée (100-168)

Ératosthène (276-194 avant notre ère) l'aurait trouvé de 23°50. Au IXe siècle, les astronomes arabes ne la trouvaient que de 23°35. Tycho Brahé (1546-1601) la fixait à 23°30'30'' en 1587. Elle décroît actuellement de 47'' en un siècle, ou de 1' en 128 ans.

Il existe un léger balancement de l'équateur sur l'écliptique de maximum 2°. Ce sixième mouvement de la Terre se nomme *variation de l'obliquité* de l'écliptique.

Par la suite de cette variation, le cercle par lequel nous avons représenté la marche séculaire du pôle diminue et augmente alternativement de rayon, ce qui forme des spires qui, à l'époque actuelle, vont en se rétrécissant, mais qui se dilateront plus tard de nouveau. Ces spires qui s'ouvrent et se ferment rappellent le mouvement du ressort spiral d'une montre. Voilà une nouvelle irrégularité dans les mouvements de la Terre.

Quelle prodigieuse mobilité ! Ce globe terrestre, qui nous paraît si lourd, se tient dans le vide en obéissant à la plus faible influence extérieure, et son cours, qui paraît à première vue grave et austère, est au contraire composé de balancements variés qui rappelle les oscillations d'une bulle de savon flottant dans l'air. Si nous ne connaissions pas les influences qui le font agir, nous le prendrions pour une personnalité qui, loin de vouloir obéir à la seule attraction du Soleil, fait tout ce qu'il peut pour s'en affranchir et pour varier sa route.

Nous avons vu que son orbite autour du Soleil n'est pas circulaire, mais elliptique. Toutefois, cette trajectoire n'est pas immuable : l'ellipse est tantôt plus et tantôt moins allongée. Actuellement, l'excentricité est de 0.016 710 22. On peut estimer que dans 24 000 ans, la trajectoire sera presque un cercle parfait.

Cette *variation de l'excentricité* peut être considérée comme un septième mouvement affectant les allures de la Terre dans sa destinée séculaire.

Un huitième mouvement, causé comme le précédent par les influences générales des planètes, fait tourner le grand axe de l'orbite terrestre : la *ligne des apsides*.

Le périhélie et l'aphélie se meuvent le long de cette orbite, de sorte que ce grand axe ne conserve pas deux années de suite la même direction absolue. Quatre mille ans avant notre ère, la Terre arrivait au périhélie le 23 septembre, le jour de l'équinoxe d'automne. L'an 1250, elle y passait le jour du solstice d'hiver, le 21 décembre.

Dans notre hémisphère, les hivers arrivant dans la section de l'ellipse la plus proche du Soleil, étaient les moins froids qu'ils puissent être. Comme la différence entre le périhélie et l'aphélie est de plus de 5 millions de kilomètres, et celle de la chaleur reçue d'un quinzième, cette variation doit avoir une influence réelle sur l'intensité des saisons. Le périhélie arrive le 2 janvier. En l'an 6400, il coïncidera avec l'équinoxe de printemps, et vers 11 500 avec le solstice d'été.

Les perturbations produites par l'attraction des planètes sur la Terre se manifestent encore de biens d'autres manières.

Jupiter, à 630 millions de kilomètres d'ici, influence notre globe et le déplace : la Terre se dérange réellement de sa route pour le saluer au passage, de quelques milliers de kilomètres seulement, mais subit l'influence variable de Jupiter, Vénus, Saturne, Mars, et même d'astres plus éloignés ou plus faible. Cette neuvième irrégularité apportée au mouvement de la Terre se traduit par un grand nombre d'écarts périodiques que les astronomes sont parvenus à calculer.

Ce sont les *perturbations périodiques* du mouvement orbital de notre globe.

Mais ce n'est pas tout. Le Soleil est situé très exactement au foyer géométrique de toutes les orbites planétaires, mais si on concluait à son absolue immobilité, on se tromperait lourdement.

Tout d'abord, il se meut autour du centre de gravité du système solaire. S'il pouvait exister, dans la nature, un repère immuable, ce serait donc ce centre de gravité et non le centre du Soleil.

La distance de ces deux points n'est pas aussi petite qu'on pourrait le croire. Lorsque toutes les planètes se trouvent alignées d'un même coté de l'astre central, le Soleil leur fait équilibre sur le même alignement, mais de l'autre coté du centre de gravité commun.

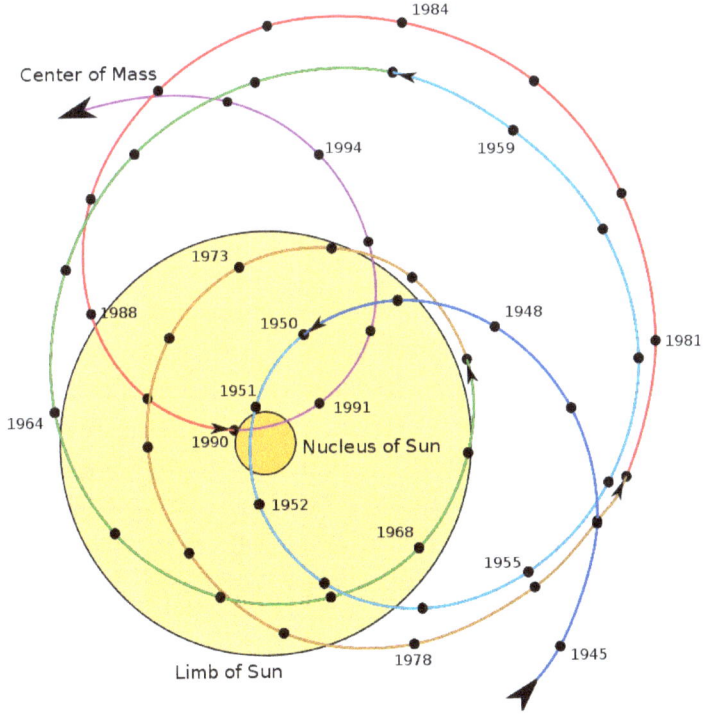

Le centre des orbites

La distance de ce centre, foyer de l'orbite terrestre qu'il entraîne dans son déplacement, décrit une courbe capricieuse autour du centre de gravité. La Terre participe à cette étrange figure de ballet, c'est son dixième mouvement.

Voilà sans doute des détails un peu techniques, aussi dépourvus d'ornements que « *Le discours d'un académicien* » comme l'affirme Alfred de Musset (1981-1857) ...

Mais si nous voulons apprendre à connaître l'état réel de l'Univers, il est important de commencer par l'examen de la situation de la Terre dans l'espace.

Or, il nous reste un onzième mouvement à expliquer, plus remarquable à lui seul que les dix autres réunis, car il emporte à travers les espaces sidéraux le système solaire tout entier, le Soleil et son cortège de planètes, de satellites et de comètes !

On a reconnu cette translation générale en étudiant les mouvements propres apparents des étoiles. Une comparaison familière nous fera comprendre comment on y est parvenu.

Lorsque nous voyageons en train, à travers les campagnes diversifiées de champs, de prairie, de bois, de collines et villages, nous voyons les décors du paysage courir dans le sens contraire de notre mouvement. En observant attentivement les étoiles, nous constatons un fait analogue dans les objets célestes. Les étoiles paraissent animées de mouvement qui les précipite en apparence vers une certaine région du ciel, celle qui est derrière nous. De chaque côté, elle semble fuir, et les constellations qui sont devant nous semblent s'agrandir pour nous ouvrir le passage.

Le calcul a montré que ces apparences de perspectives sont causées par la translation du Soleil, de la Terre, et de toutes les autres planètes vers une région du ciel située entre la constellation de la lyre et celle d'Hercule. C'est, disent les astronomes, par environ 270° ou 18h d'ascension droite de 30° de déclinaison nord, près de l'étoile ξ (ksi)

Hercule. Ce point de la sphère céleste s'appelle l'*apex solaire*. Nous voguons vers cette région avec une vitesse de 20 km/s, soit 1 730 000 kilomètres par jour, ou encore 650 millions de km par an.

Nous arrivons des parages où scintille Sirius, et nous voguons vers les astres de la lyre et d'Hercule. Ce mouvement du Soleil a été découvert par William Herschel (1738-1822) en 1783.

Par une belle nuit d'été, lorsque les beautés du ciel multiplient leurs yeux brillants sous la voûte obscure et silencieuse, cherchez parmi les constellations la brillante Véga de la Lyre, étoile de première grandeur qui scintille au bord de la voie lactée. Non loin de là, dans cette zone blanchâtre, le Cygne est étendu comme une croix immense. A l'opposé du Cygne, relativement à Véga, à une certaine distance se dessine la Couronne Boréale, facile à reconnaître par sa forme, composée de six étoiles principales tressées en couronne.

Si vous observez bien entre Véga et la Couronne, vous remarquerez un certain nombre d'étoiles de 3ème et 4ème grandeur. Elles appartiennent à la constellation d'Hercule : Voici la région vers laquelle nous nous dirigeons !

Essayons de nous représenter cette course à travers l'univers. Comme il n'y a ni haut ni bas dans l'univers, nous pouvons, pour mieux sentir cette translation au milieu des étoiles, et pour l'orienter relativement au plan général du système planétaire, prendre pour plan de comparaison l'écliptique.

Toutes les planètes avec leurs satellites tournant autour du Soleil avec une faible inclinaison sur l'écliptique, nous pouvons nous demander si le système solaire, comparable à un disque lancé dans l'espace, voyage dans le sens de son étendu, dans son horizon, pourrions-nous dire, ou bien s'il glisse obliquement ?

Si nous prenons pour horizon le plan de l'écliptique, et pour verticale la direction du pôle de l'écliptique, nous pouvons tracer la figure de notre route dans l'espace-temps. Or, elle fait un angle d'environ 37° avec la direction du pôle de l'écliptique.

Nous courons à grande vitesse, entre notre système solaire qui vogue à environ 850 000 km/h par rapport au centre de notre galaxie, et notre galaxie qui navigue à près de 2,3 millions de km/h (soit environ 630 km/s), vers cet abîme en décrivant une grande spirale. Tandis que le Soleil, ou tout du moins le centre de gravité du système solaire, suis une route rectiligne.

Tels sont les mouvements respectifs du Soleil et de la Terre, *relativement aux étoiles les plus proches de nous.* Ces étoiles, elles-mêmes sont toutes en mouvement, dans des directions variées, avec des vitesses particulières d'un ordre comparable à celle du Soleil. Le petit groupe d'étoiles auquel appartient le Soleil fait ainsi penser à un vol d'insectes dans lequel règne une perpétuelle agitation.

Mais ce groupe, lui-même est animé d'un mouvement d'ensemble, comme un essaim que le vent emporte sans le dissocier. En effet, le Soleil et ses voisines étoiles proches participent au mouvement général de rotation de la Voie Lactée, notre galaxie, que nous décrirons en fin d'ouvrage.

Le centre de rotation est un point situé dans les profondeurs du ciel, en arrière de ces grands nuages de la constellation du Sagittaire, laquelle est visible, sous nos latitudes, dans la partie méridionale des beaux ciels d'été. La vitesse de translation du Soleil, et par suite, celle du système planétaire entier, l'entraîne actuellement vers les étoiles de la constellation de Céphée, elle est estimée à 268 km/s.

Cela correspond à une révolution complète en environ 230 millions d'années. Depuis les 4,543 milliards d'année de la Terre, notre globe a eu la joie de faire une vingtaine de rotation galactique.

Chapitre 5 : Preuves théoriques et expérimentales

Des mouvements de notre globe.

Il y a, sans doute, des démonstrations mathématiques d'un ordre transcendant qui ne peuvent pas être simplement vulgarisée. Mais fort heureusement pour le sentiment général, les preuves fondamentales de la situation de la Terre dans l'espace et la nature de ses mouvements peuvent être exposés sous forme accessible à toutes et tous, et aussi facile à comprendre. C'est ce que je vais essayer de faire dans les pages suivantes. Il importe avant tout de nous rendre exactement compte de la situation qu'occupe notre globe.

Aujourd'hui encore, quelques personnes qui se croient instruites, doutent du mouvement de la Terre, et pour une raison ou une autre, s'imaginent que les astronomes peuvent se tromper, que le système de Copernic (1473-1543) ne vaut pas mieux que celui de Ptolémée (100-168), et que, dans l'avenir, le progrès de la science pourra renverser nos idées actuelles, tout comme la science moderne a renversé les idées anciennes.

Il est donc utile autant qu'intéressant, de réunir en un même corps d'arguments les preuves positives que nous avons des mouvements de la Terre.

On ne fera pas l'injure au lecteur d'insister sur les preuves de la sphéricité de la Terre. On a fait depuis un peu plus de 500 ans (Magellan, de 1519 à 1522) le tour du globe à peu près dans tous les sens. On a mesuré la grandeur et déterminé la forme de notre globe par des procédés bien connus. Les éléments même de la géographie sont universellement enseignés, personne de censé ne remettra en doute la sphéricité de la Terre.

La première difficulté qui empêche encore aujourd'hui certains esprits d'admettre que notre globe puisse être « suspendu » comme un ballon dans l'espace, et complètement isolé de tout point d'appui, provient d'une fausse idée de pesanteur. L'histoire de l'astronomie ancienne nous montre une anxiété profonde chez les premiers observateurs, qui commençaient à concevoir la réalité de cet isolement, mais qui ne savaient pas comment empêcher le globe de tomber, ce globe si lourd sur lequel nous marchons.

Les premiers Chaldéens (peuple de Babylonie, vers ~850 / ~600 av. JC) avaient fait la Terre creuse, tel un bateau naviguant naviguant dans les airs. Les anciens Grecs l'avaient posé sur les épaules d'Atlas ; les Égyptiens sur le dos de quatre éléphants, eux-mêmes installés sur une tortue, nageant sur la mer.

Quelques Anciens voulaient aussi que la Terre repose sur des tourillons placés aux deux pôles. D'autres pensaient qu'elle devait s'étendre indéfiniment au-dessous de nos pieds. Pour s'affranchir de ces antiques illusions, il faut comprendre que la pesanteur n'est qu'un effet de l'attraction. Les objets situés tout autour du globe terrestre tendent vers son centre, et, tout autour du globe, toutes les verticales sont dirigées vers le centre de la Terre. Le globe terrestre attire tout à lui, tel un aimant. La crainte que la Terre tombe est donc un non-sens : où pourrait-elle tombée ?

Si nous imaginons une série d'hommes debout tout autour de la Terre, un fil de plomb à la main, tous ces fils, indiquant la pesanteur, seront dirigés vers le centre de la Terre, qui est ainsi le bas, le dessous, tandis que toutes les têtes représentent le haut, le dessus.

Examinons maintenant la question du mouvement. Nous voyons que tous les astres tournent autour de la Terre en 24h. Il n'existe que deux suppositions : Soit tous les astres se déplacent de l'Est vers l'Ouest ; Soit c'est le globe qui tourne sur lui-même de l'Ouest vers l'Est. Il s'agit en fait de cette deuxième solution, le globe tourne sur lui-même d'Ouest en Est.

Dans les deux cas, les apparences sont les mêmes pour nous, et rigoureusement les mêmes, en omettant les influences des déplacements influençant le mouvement de notre globe (Voir chapitre précédent).

Comment nous, navigateurs terrestres, pourrons nous arriver sans réflexion à la que ce n'est pas le ciel qui tourne autour de la Terre, mais bien la Terre qui tourne sur elle-même ?

Dans la première hypothèse, voici ce qu'il faudrait admettre :

L'astre le plus proche de nous, la Lune, est à 384 000 km environ. Elle aurait donc à parcourir, en 24h, une circonférence de 2 410 000 km de longueur. Pour cela, il faudrait que la Lune atteigne la vitesse de 28 km/s.

Le Soleil, distant d'1 ua (donc environ 150 millions de km), devrait parcourir en 24h, une circonférence de 939 millions de km. Il lui faudrait donc atteindre la vitesse de 10 900 km/s !

Il devrait donc parcourir en une journée la distance que la Terre met un an à parcourir.

L'invraisemblance d'une pareille hypothèse se sentira aussi bien que son impossibilité mécanique au seul aspect de la figure suivante, sur laquelle les proportions du Soleil sont représentées à une échelle exacte.

La Terre et le Soleil

Le Soleil est environ 109 fois plus grand que notre planète. A l'aspect de cette seule proportion, il faudrait manquer du plus simple bon sens pour faire tourner le Soleil autour de la Terre. Cyrano de Bergerac le disait ainsi :

« *C'est comme si, pour faire rôtir une alouette, on la fixait sur la broche, et au lieu de tourner la broche, on voulait faire tourner, autour de l'alouette fixe, la cheminée, la cuisine, la maison, la ville...* »

Les planètes, dont les distances sont également déterminées avec précision, participent au mouvement diurne. Elles seraient emportées dans l'espace avec des vitesses encore plus difficile à concevoir. La dernière planète connue des Anciens, Saturne (par Galilée en 1610), neuf fois et demie plus éloignée de nous que le Soleil (Soleil – Saturne : 1,434 milliards de km : 9,5 ua), devrait parcourir une distance de 9 milliards de km en 24h, soit une vitesse d'environ 100 000 km/s, soit un tiers de la vitesse de la lumière.

On peut pousser la réflexion jusqu'aux étoiles... Proxima du Centaure, située à environ 270 000 ua (pour comparer, Pluton est à 49 ua...) devrait parcourir une circonférence autour de notre globe d'environ 250 trillions de km, sa vitesse serait alors de 3 000 millions de km ! En 24h !

Ainsi voilà les deux hypothèses : ou bien on oblige tous ces astres à tourner autour de nous, ou bien supposé que le globe terrestre tourne sur lui-même.

Quand on observe l'étendu des cieux, avec les milliards de milliards d'étoiles, éloignées à des distances prodigieuses, il devient impossible de concevoir que tout cela puisse tourner d'un mouvement uniforme.

Toutes ces absurdités du système géocentrique sont donc à écarter, en admettant que notre petit globe fait un tour en 23h 56m. Le simple bon sens donne raison à Copernic (1473-1543). En tournant sur elle-même, la Terre fait simplement parcourir à sa circonférence équatoriale 40 000 km en 24h, soit 456 m/s (29,783 km/s), 305 m/s pour Paris. Et cela diminue jusqu'aux pôles.

D'autre part, un siècle après Copernic, l'analogie est venue confirmer directement l'hypothèse du mouvement de la Terre et changer en certitude sa haute vraisemblance. Le télescope a montré dans les planètes des astres analogues à notre Terre. Mars, notre voisine, tourne sur elle-même en 24h 37m 23s dans un mouvement naturel de rotation.

Le Soleil n'échappe pas à la règle, effectuant sa période de rotation avec une moyenne de 27 jours environ. Ainsi la simplicité et l'analogie sont en faveur du mouvement de la Terre. Ajoutons que ce mouvement est le seul compatible avec les lois de la mécanique céleste, lesquelles sont radicalement inconciliables avec l'idée d'une rotation géocentrique diurne de l'univers entier.

A l'origine, l'une des plus grandes difficultés opposées au mouvement de la Terre était celle-ci : Si la Terre tourne sous nos pieds, en nous élevant dans l'espace et en trouvant le moyen de nous y soutenir quelques secondes ou davantage, nous devrions tomber, après ce laps de temps, en un point situé à l'occident du point de départ. Celui qui, par exemple, à l'équateur, trouverait le moyen de se soutenir immobile dans l'atmosphère pendant 1 minute, devrait retomber à 28 km du lieu où il serait parti.

Si on lâche une pierre du haut d'un mât sur un bateau en mouvement, elle tombe directement au pied du mât. Comme la Terre ne rencontre aucun obstacle étranger, il n'y a absolument rien dans la nature qui puisse, par sa résistance, son mouvement, ou par un quelconque choc, nous faire sentir cette rotation.

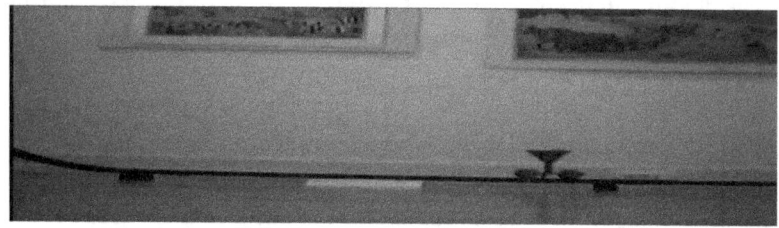

Machine de Steiz de 1928, musée de Copenhague

Mais ce mouvement est commun à tous les corps terrestres, ils ont beau s'élever en l'air, ils ont reçu d'avance l'impression de mouvement de notre globe, sa direction et sa vitesse ; et lors même qu'ils sont au plus haut de l'atmosphère, ils continuent à se mouvoir comme la Terre.

Un boulet de canon qui serait lancé perpendiculairement vers le zénith, retomberai dans le canon, malgré que pendant ce trajet, le canon s'est avancé vers l'Orient avec la Terre. La raison est évidente : Ce boulet, en s'élevant en l'air, n'a rien perdu de la vitesse que le mouvement du globe lui a communiquée. Ces deux impressions ne sont pas contraires, il peut faire 1 km vers le ciel et 6 km vers l'Est. Son mouvement dans l'espace suit la même parabole, il retombera par pesanteur naturelle, et il se retrouvera dans le canon, sans jamais avoir cessé d'être sur la verticale.

Cette expérience serait fort difficile à réussir à cause de l'action du vent, et de la difficulté d'avoir un canon bien vertical. Mersenne (1588-1648) et Petit (1594-1677) l'ont essayée au XVIIe siècle, et ils ne retrouvèrent pas leur boulet. Varignon (1654-1722), dans ces *Conjectures sur la cause de la pesanteur*, a donné à ce propos, une illustration que nous vous partageons (cf. image suivante).

On y voit deux personnages, un militaire à droite, et un religieux à gauche, auprès d'un canon braqué vers le zénith. Ils regardent en l'air comme pour suivre le boulet qui vient d'être lancé. Sur cette gravure du XVIIe siècle, on lit ces mots : « Retombera-t-il ? ».

Le religieux est le père Mersenne et son compagnon Pierre Petit, intendant des fortifications. Ils répétèrent plusieurs fois cette dangereuse expérience, et comme ils ne furent pas assez adroits pour faire retomber le boulet sur leurs têtes, ils crurent pouvoir en conclure qu'il était resté en l'air, où sans doute il demeurerait longtemps. Varignon ne conteste pas le fait, mais il s'en étonne : « *Un boulet suspendu au-dessus de nos têtes ! En vérité cela doit surprendre !* ».

Conjectures sur la cause de la pesanteur

Les deux expérimentateurs, s'il est permis de les qualifier ainsi, firent part à Descartes (1596-1650) de leurs essais et du résultat obtenu. Descartes ne vit dans le fait, supposé exact, qu'une confirmation de ses subtiles rêveries sur la pesanteur.

En revanche, l'observation directe de divers phénomènes a apporté à l'appui de la théorie du mouvement de la Terre des preuves irrécusables.

Si le globe tourne, il développe une certaine force centrifuge. Cette force sera nulle aux pôles, aura son maximum à l'équateur, et sera d'autant plus grande que l'objet auquel elle s'applique sera lui-même à une distance plus grande de l'axe de rotation. On constate que les objets perdent une partie de leur poids, en Newton (mais pas de leur masse, en kg) quand on les transporte à l'équateur, du fait du renflement équatorial. Ces objets sont plus loin du centre de la Terre, et donc la pesanteur g y est moins importante. En effet, l'accélération de la pesanteur est de 9,83 m/s² aux pôles, tandis qu'à l'équateur elle vaut 9,78 m/s².

Les oscillations du pendule confirment encore le fait précédent. Un pendule d'un mètre de longueur qui, à Paris, fait dans le vide 86 136 oscillations en 24h, n'en fera que 86 009 à l'équateur, contre 86 236 aux pôles.

Une curieuse remarque à faire ici : La force centrifuge réduit, à l'équateur, la pesanteur d'un facteur 1/289, croît proportionnellement au carré de la vitesse de rotation. Or, 289 est le carré de 17. Si la Terre tournait 17 fois plus vite, les corps placés à l'équateur ne pèseraient donc plus rien.

Comme la force centrifuge est d'autant plus grande que l'on s'éloigne du centre de la Terre, une pierre posée à la surface du sol est animée vers l'Est d'une vitesse un peu plus grande qu'une pierre au fond d'un puits. Or, l'excès de cette vitesse ne pouvant pas être anéanti, si on laisse tomber une petite balle de plomb dans un puits, elle ne descend pas juste suivant la verticale, mais s'en écarterai légèrement vers l'Est. L'expérience a été tentée par Cassini (1625-1712) dans le puits de l'Observatoire de Paris, et plus tard par d'autres expérimentateurs dans des puits de mine. Ils ont bien observé ce décalage vers l'Est, mais la chute du corps en expérience était perturbée, d'une part par la façon dont on abandonne l'objet à lui-même, et d'autre part par les mouvements de l'air qu'il traversait.

En 1903, Camille Flammarion (1842-1925) a trouvé une déviation vers l'Est de 7,6 mm, en faisant tomber des billes d'acier du haut de la coupole du Panthéon. Le calcul faisant prévoir un écart de 8,1 mm pour une chute de 68 m.

La physique du globe a, elle aussi, apporté son lot de preuves à la théorie du mouvement de la Terre, et on peut dire que toutes les branches de la science se sont unis pour sa confirmation. La forme même du sphéroïde terrestre, légèrement enflé à l'équateur et aplati aux pôles, est précisément celle d'une masse fluide animée d'une certaine rotation.

D'autres phénomènes, comme le sens de rotation de certains courants atmosphériques, les tourbillons que l'on observe dans certains fleuves, et d'autres, trouvent également leur cause dans la rotation du globe. Mais ces faits ont une valeur moindre que les précédents, attendu qu'ils pourraient s'accorder avec l'hypothèse du mouvement du Soleil.

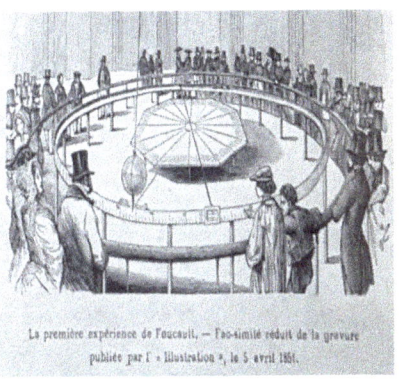

La première expérience de Foucault. — Fac-similé réduit de la gravure publiée par l'« Illustration », le 5 avril 1851.

Expérience de Foucault

C'est ici le moment de rappeler la brillante expérience faite par Léon Foucault (1819-1868) au Panthéon en 1851 (gravure ci-dessus). A moins de nier l'évidence, cette expérience rend perceptible le mouvement de la Terre.

Un fil d'acier est encastré par son extrémité supérieure dans une plaque métallique fixée solidement à une voûte. Ce fil est tendu à son extrémité inférieure par une boule de métal d'un poids de 28,3 kg. Une pointe est attachée au-dessous de la boule, et deux tas de sable fin sont disposés pour recevoir la trace de cette pointe lorsque le pendule est en mouvement.

Or, les traces marquées par la pointe aux oscillations successives du pendule ne se superposent pas. Elles se croisent bien au centre, mais en manifestant une déviation lente et progressive du plan des oscillations de l'Orient vers l'Occident.

En réalité, le plan des oscillations reste fixe. Mais la Terre tourne d'Ouest en Est, en entraînant le sol et les tas de sable.

Oscillations du pendule de Foucault

Dans cette expérience, il faut regarder comme étant en mouvement les repères terrestres auxquels on rapporte les positions successives du plan d'oscillation du pendule, lequel reste invariable.

Pendule de Foucault - Paris

Imaginons un pendule suspendu au-dessus d'un des pôles terrestre. Une fois en mouvement, le plan de ses oscillations reste invariable, malgré la torsion du fil, mais le sol tourne sous le pendule.

En conséquence, le plan d'oscillation paraît tourner en un jour sidéral, en sens inverse du mouvement de rotation de la Terre.

Si le pendule est placé à l'équateur, il n'y a plus de déviation. Lorsqu'on lance dans un plan orienté de l'Est à l'Ouest, c'est-à-dire dans le plan de l'équateur terrestre, aucune cause ne le fait dévier, ni dans un sens, ni dans l'autre. On démontre qu'il en est encore ainsi dans le cas où le pendule a été lancé dans une autre direction, par exemple dans un plan Nord-Sud.

A une latitude qui n'est ni celle de l'équateur, ni celle d'un pôle, la théorie enseigne qu'on doit observer une rotation dont la vitesse est proportionnelle au sinus de la latitude. A Paris, le plan d'oscillation du pendule de Foucault fait un tour complet en 31h 47m.

Comme ces oscillations s'amortissent, l'expérience ne peut durer que quelques heures au plus, mais lorsqu'elle est montée avec soin, cela suffit pour confirmer les résultats de la théorie. L'expérience du Panthéon fut répétée en 1902 par Camille Flammarion sous les auspices de la Société Astronomique de France.

L'oscillation complète, aller et retour, du pendule de 67m de longueur durait 16 secondes et demie. L'écartement de deux échancrures consécutives, tracées par la pointe du pendule sur un tas de sable placé sur le pourtour, à 4 mètres du centre, était de 3,6 mètres.

Telles sont les preuves positives du mouvement de rotation de la Terre sur son axe. Les preuves du mouvement de translation autour du Soleil ne sont pas moins convaincantes.

Toutes les autres planètes tournent autour du Soleil, et la Terre n'est qu'une planète. Pour expliquer les mouvements apparents des cinq planètes connues des Anciens (Mercure, Vénus, Mars, Jupiter et Saturne) dans l'hypothèse de l'immobilité de la Terre, les astronomes avaient été obligés de complexifier le système du monde, et d'arriver à imaginer jusqu'à 72 cercles de cristal emboîtés les uns dans les autres.

Selon Copernic, toutes les planètes tournent, en même temps que la Terre, autour du Soleil. Il résulte du long circuit parcouru annuellement par la Terre, des changements de perspectives faciles à deviner :

Lorsque nous avançons, telle planète paraît reculer ; dans certains cas, la combinaison

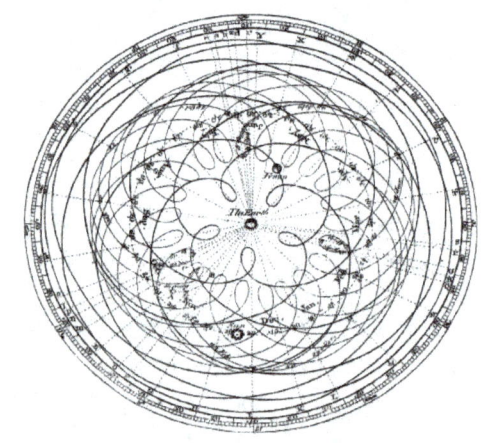

Modèle géocentrique

des deux mouvements fige en apparence, pour un temps, la planète dans son cours et la rend immobile sur la sphère céleste. Dans la théorie de la translation de la Terre, autour du Soleil, ces variations s'expliquent d'elles-mêmes et se calculent sans difficulté.

Dans l'hypothèse contraire, elles créent une complication sérieuse.

Depuis le XIIe siècle, l'étude que l'on fait du cours des comètes, si nombreuses, qui sillonnent l'espace en tout sens a montré que, tout excentriques qu'ils soient eux-mêmes, ces astres chevelus protestent contre l'ancien système car, comme le disait Bernard Le Bouyer de Fontenelle (1657-1757), il y a longtemps qu'ils auraient cassé tout le cristal des cieux.

Le calcul des orbites des comètes, dont la précision est prouvée par le retour de ces astres aux points du ciel annoncés, serait bien compliqué dans l'hypothèse de l'immobilité de la Terre.

La planète Uranus, découverte par William Herschel (1738-1822) le 13 mars 1781, Pluton, découverte par Clyde Tombaugh (1906-1997) en 1930, ont révélé elles aussi qu'elles tournent autour du Soleil et non pas autour de la Terre. C'est en s'appuyant sur la loi de la gravitation universelle que les mathématiciens ont affirmé l'existence d'astres éloignés à plus de 5 milliards de km de nous avant d'être observés.

Ajoutons encore que près de 1600 petites planètes ont été découvertes entre Mars et Jupiter, et les 400 000 planétoïdes présents dans cette ceinture d'astéroïde, ceinture qui tourne également autour du Soleil. Ainsi, le système solaire constitue une même famille, dont le Soleil est le centre et le régulateur.

Ce n'est pas tout. Nous voyons le mouvement de translation annuelle de la Terre se refléter dans le ciel. Les étoiles ne sont pas éloignées à des distances infinies. Quelques unes sont relativement proches et gisent à quelques années-lumière d'ici

(1 année-lumière ~ 9 461 milliards de km, arrondie parfois à 10.000 milliards de km).

Si on examine attentivement, pendant le cours de l'année, l'une des étoiles les plus proches de nous, en prenant pour point de repère une étoile très éloignée de nous, mais se projetant sur le ciel très près de la première, on voit que la plus proche subit, dans sa position, un effet de perspective causé par le mouvement de la Terre, et que, au lieu de rester fixe au même point, elle paraît, elle aussi se mouvoir en décrivant sur le ciel une petite ellipse annuelle.

La mesure de ces petites ellipses décrites au fond des cieux par les étoiles, a permis les premiers calculs de distance, que l'on exposera plus loin dans cet ouvrage. Du temps de Copernic, de Tycho-Brahé et de Galilée, l'immobilité apparente des étoiles avait été l'un des plus puissants arguments invoqués contre le mouvement annuel de la Terre. Cet argument a été renversé, comme tous les autres, par les progrès réalisés dans la précision toujours grandissante des observations astronomiques.

Le mouvement annuel de la Terre autour du Soleil se reflète également sur la voûte céleste par un autre phénomène, qu'on appelle *aberration de la lumière*. Mais de quoi s'agit-il donc ? Les rayons de la lumière nous arrivent des étoiles en ligne droite, avec une vitesse environ 10 000 fois plus grande que celle de la Terre sur son orbite. Si la Terre était fixe, nous recevrions ces rayons directement et sans déviation. Mais nous courons sous les rayons lumineux comme nous courons sous une pluie verticale. Plus vite nous courons et plus nous devons incliner notre parapluie si nous ne voulons être mouillés. Dans un train, la combinaison de la vitesse horizontale du train avec la verticalité de la pluie, les gouttes forme des lignes obliques sur la vitre du wagon.

Le mouvement de la Terre est tel, que nous sommes obligés d'incliner nos lunettes, autrement dit nos parapluie, pour recevoir les rayons lumineux, la pluie dans cette analogie, des étoiles.

Comme la vitesse de translation de la Terre autour du Soleil change sans cesse de direction et que, en une année, elle balaie entièrement l'écliptique, chaque étoile trace annuellement sur la sphère céleste une ellipse dont les dimensions angulaires dépendent, non plus de sa distance, mais de la position de l'étoile relativement à l'écliptique. Ce phénomène qui se superpose à l'effet de perspective dont on vient de parler tout en étant différent dans son essence, est d'une haute importance en astronomie. Il a servi à la fois de constater la transmission successive de la lumière à raison d'environ 300 000 km/s, et à démontrer la réalité du mouvement de la Terre autour du Soleil. Si la Terre était au repos, ces déviations seraient totalement inexplicables.

Chapitre 6 : La Terre et ses origines

Les chapitres précédents nous on fait connaître la place que nous occupons dans l'univers et nous ont fait apprécier la Terre comme astre du ciel. Tel était le premier aspect qu'il fallait aborder pour bien considérer notre globe. Bientôt nous nous occuperons des autres astres du système solaire.

Notre programme céleste se trace de lui-même devant nous. La Lune sera la première étape de notre grand voyage. Puis nous aborderons le Soleil, centre de la famille planétaire avant d'aller explorer les autres planètes, depuis Mercure, la plus proche du Soleil, jusqu'à Neptune, dernière planète avant la ceinture de Kuiper, montrant la première limite de notre système solaire.

Les satellites, les comètes et les astéroïdes nous arrêterons aussi pour compléter la connaissance que nous désirons acquérir.

Mais ce n'est encore là qu'une faible partie de notre programme, nous nous élancerons des frontières du système solaire jusqu'aux étoiles dont chacune est un soleil brillant de sa propre lumière et sûrement accompagné d'au moins une planète, une exoplanètes.

L'étoile Proxima du Centaure, situé à 4,246 années-lumière d'ici, Sirius, également appelée Alpha Canis Majoris est à 8,611 années-lumière. Or, ces soleils comptent parmi les plus proches, et de beaucoup. Avant d'entreprendre ce prodigieux voyage, il ne sera pas inutile de contempler un instant la destinée de la Terre, et de rappeler ce que l'on croit savoir de son histoire.

Pour Pierre-Simon de Laplace (1749-1827), le système solaire s'est formé par la condensation d'une nébuleuse primitive. Sous l'effet de sa rotation et des forces de gravitation qui s'exercent entre ses molécules constitutives, la nébuleuse d'abord diffuse et très étendue, tend à prendre la forme d'un sphéroïde très fortement aplati, avec un noyau plus condensé en son centre. La contraction s'accusant, la nébuleuse prend à la longue l'aspect d'une masse centrale globulaire entourée d'une nappe équatoriale relativement mince. Cette nappe se résorbe peu à peu, en laissant derrière elle des anneaux nébuleux concentriques qui s'en détachent de loin en loin. Lorsque la masse centrale est suffisamment condensée, elle perd son aspect nébuleux et devient une étoile : le Soleil, tandis que, de leur côté, les anneaux instables se rompent et que la matière de chacun d'eux s'agrège en formant un sphéroïde d'abord nébuleux, qui se transforme en planètes.

Un processus analogue fournit les satellites. Dans cette hypothèse, les orbites des planètes ne peuvent s'écarter beaucoup du plan équatorial de la nébuleuse primitive, et toutes les planètes doivent circuler autour du Soleil dans le sens où, pendant la période de condensation, la nébuleuse elle-même tournait autour de son axe.

Laplace, qui ne formulait jamais qu'à regret des hypothèses non vérifiables, n'a consacré que quelques pages, de caractère plus littéraire que scientifique, à la nébuleuse primitive et à la formation du système solaire à partir de cette nébuleuse.

Avec Joseph-Louis de Lagrange (1736-1813), Laplace démontre que l'excentricité totale des orbites planétaires du système solaire doit demeurer constante, et si une planète voit son excentricité augmenter, une autre la verra diminuer. Laplace résume ses travaux et ceux de Newton, Halley, Clairaut, d'Alembert et Euler concernant la gravitation universelle, dans cinq volumes, nommés *Mécanique céleste* entre 1798 et 1825.

Au début du XXe siècle, un point mystérieux restait toutefois inexplicable aux yeux des physiciens : la puissance du rayonnement que conserve le Soleil. Selon les principes de la physique classique, il aurait dû s'éteindre il y a des centaines de millions d'années. Or, il ne manifeste aucune diminution de son activité.

Les molécules de la nébuleuse primitive acquièrent, dans leur chute vers le noyau central, une force vive qu'elles restituent en chaleur au terme de leur course. On conçoit donc qu'une nébuleuse relativement froide puisse donner naissance, par sa condensation, à une étoile éblouissante. Mais lorsque la condensation est achevée, ou qu'elle est suffisamment ralentie, l'astre, après avoir atteint son plus haut degré de sa splendeur, devrait entrer dans son déclin, se refroidir, s'éteindre, d'abord lentement, puis de plus en plus vite.

On peut évaluer à environ 20 millions d'années seulement, à compter des temps présents, le temps pendant lequel le Soleil pourrait maintenir son débit d'énergie lumineuse et calorifique au taux actuel, par l'effet de sa propre condensation. Mais c'est là tout le problème, cette durée est beaucoup trop courte aux yeux des géologues. De nombreux indices les portent à croire que, dès l'apparition de la vie sur Terre, il y a plus d'un milliard d'années, le Soleil avait déjà le même aspect qu'aujourd'hui.

S'il ne s'est pas éteint, si la puissance de son rayonnement n'a pas décrue, c'est que ses réserves d'énergie dépassent de très loin celles qui correspondraient à une simple condensation. Quelle est la nature de cette réserve ? Personne ne le savait il y a une bonne centaine d'années….

Cette hypothèse paraissait insurmontable, et elle avait jeté un certains discrédit sur l'hypothèse de Laplace.

En ouvrant l'ère de la physique atomique, de la physique nucléaire, et de la physique des particules, on a découvert la radioactivité. Elle permit de mieux comprendre ce qui se passe.

Les étoiles, et donc notre Soleil, sont le siège de réactions nucléaires mettant en jeu des quantités d'énergies d'un ordre de grandeur tout autre que celui des énergies libérées par les réactions chimiques les plus violentes, ou par les phénomènes mécaniques.

C'est grâce à la transmutation de son hydrogène en hélium que le Soleil entretient, sans défaillance depuis 4,603 milliards d'années, le débit d'énergie rayonnante que nous constatons. On estime que ses réserves lui permettront de rayonner encore pendant près de 5 milliards d'années, avant de devenir une géante rouge.

Forts de ces découvertes, les astronomes se sont empressés de remettre en honneur l'hypothèse de Laplace, non sans en retoucher profondément les détails. Selon cette hypothèse (qui ne contenait aucune formulation mathématique), une nébuleuse diffuse, relativement froide, donnait naissance par voie de condensation à des astres incandescents, le Soleil d'une part, les planètes d'autre part. En particulier la Terre avait été un globe incandescent de nature d'abord gazeuse puis liquide, et enfin, disons pâteuse.

On suppose finalement, aujourd'hui, une genèse assez bien définie :

A la suite de l'explosion d'une supernovæ, il s'est formé un nuage de gaz et de poussières.

Ce nuage de poussières est immense, plusieurs centaines d'années lumière de diamètre. Il est formé de débris d'étoiles ayant appartenu à une étoile primitive qui aurait explosé après avoir consumé toute son énergie. Lors de l'explosion, les particules (dont des éléments lourds comme le fer, le nickel…) qui constituaient cette étoiles ont été vaporisées à travers toute la galaxie.

Puis, sous l'effet de la gravité, ces particules se sont agglomérées, puis, pendant une dizaine de millions d'années, le nuage s'est comprimé lentement sous l'effet de sa propre gravité. Cette compression a provoqué l'accroissement de la vitesse de rotation du nuage. Cette boule en rotation est devenue notre Soleil.

Le reste du nuage s'est étiré pour former un disque de matière. L'accrétion des particules a permis la formation d'objets plus gros :

les planétésimaux d'une dizaine de mètres de diamètre. La naissance du système solaire aurait duré 10 à 15 millions d'années.

Cette première phase d'existence de la Terre sous forme d'amas de poussières, aurait eu lieu il y a 4,5 milliards d'années.

Lorsque cet amas a atteint une taille suffisante, environ 800 mètres de diamètre, sa masse est si importante qu'il aspire la poussière présente dans le disque environnant. Pendant environ 3 millions d'années, dans le système solaire interne, ces amas vont se regrouper pour former une vingtaine de protoplanètes.

Puis ces protoplanètes entrent en collision et fusionnent pour donner quelques planètes dont Vénus, Mercure, Mars et la Terre. Notre Terre se serait formée sur une période d'environ 30 millions d'années. Ce qui reste du nuage a donné la ceinture d'astéroïdes dont provient l'essentiel des météorites. Les chocs aléatoires ont conduit à la formation de corps plus gros que ceux déjà formés, ou à leur désintégration.

Météorite d'Orgueil de type CI, 1864

La température de cette Terre primitive est d'environ 4 700°C, chaleur due aux collisions. Elle est donc formée de matière en fusion. Petit à petit, la Terre se refroidit, les éléments les plus légers remontant vers la surface et les plus lourds s'enfonçant pour former un noyau. La solidification du noyau interne de la Terre aurait commencé il y a 3,5 milliards d'années.

Le matériau terrestre initial est constitué de fer à plus de 85 % sous forme métallique réduite, et à moins de 15 % sous forme métallique oxydée (Ces données ont été obtenues par l'analyse des chondrites, petites météorites pierreuses daté de 4,5 milliards d'années).

Les météorites carbonées dites CI (carbonatées de type Ivuna) auraient une composition chimique qui se rapprocherait de celle de la nébuleuse solaire primitive, qui donna naissance aux planètes.

Or ce matériau était initialement oxydé. Pour pouvoir former des planètes, ce matériau a dû être réduit. A l'origine de cette réduction : un rayonnement correspondant à la phase T (Tauri) du Soleil, un rayonnement d'étoile jeune observé pour la première fois dans la constellation du Taureau).

La Terre s'est donc refroidi jusqu'à atteindre une température de 1100°C.

Alors que la Terre a environ 50 millions d'années, elle va entrer en collision avec une autre protoplanète (de la taille de Mars environ). Cette collision sera telle que la Terre va `fondre`. Cette collision serait à l'origine de « *L'éjection de la Lune* ». La Lune se serait formée par agglomération des résidus de roches vaporisées lors de l'impact.

Au départ, la Lune était beaucoup plus proche de la Terre qu'actuellement, cette proximité ayant engendré les marées. Cette collision a aussi sûrement modifié l'axe de rotation de la Terre, à l'origine des saisons (Voir chapitre 2).

L'impact qui a donné naissance à la Lune aurait aussi déterminé la différenciation de la Terre et son organisation en plusieurs couches. Les deux objets qui sont entrés en collision avaient chacun un noyau.

Lors du choc, les deux noyaux auraient fusionné et donné un seul noyau. A la suite de cet impact, la surface de la Terre serait restée en fusion pendant des milliers d'années, formant un océan magmatique d'au moins 1 000 km de profondeur. La fusion des silicates a produit un magma appauvri en silicium. Les solides résiduels silicatés, plus dense, ont constitué le manteau inférieur. L'alliage fer/nickel liquide, encore plus dense, a migré vers le centre, réduisant sur son passage une partie des silicates en silicium, incorporant ce silicium ainsi que de l'oxygène. Cette migration, en moins d'un million d'années, a entraînée tous les éléments ayant une forte affinité pour le fer, tels que le platine, l'or, l'iridium, le tungstène…

Lors de la fusion du manteau supérieur, la quasi totalité des gaz se sont échappés, contribuant à la formation de l'atmosphère.

A l'issu de cette différenciation primitive, il y a 4 535 millions d'années, la Terre était donc constituée d'un noyau liquide d'environ 3 400 km de diamètre, d'un manteau inférieur d'environ 1 900 km et d'un manteau supérieur (océan magmatique) d'environ 1 000 km d'épaisseur.

Cette Terre primitive a failli disparaître à cause d'une tempête solaire. Mais son noyau, par un effet dynamo, a protégé la Terre en créant un bouclier magnétique : la magnétosphère. Sans son noyau, la Terre n'aurait pu conserver une atmosphère. Cette atmosphère primitive contenait sûrement des gaz rares comme le néon ou l'argon, mais peu d'hélium, du dioxyde de carbone et de l'azote.

A ce stade de son histoire, la Terre ne possède toujours pas de croûte ni d'eau. En effet, le système solaire interne est encore beaucoup trop chaud pour que l'eau puisse exister à l'état liquide. D'une part les matériaux constituant la Terre primitive ne contenaient pas assez d'hydrogène pour que son oxydation puisse former de l'eau, et d'autre part l'hydrogène terrestre n'a pas la bonne signature isotopique (peu ou pas de deutérium).

Les bombardements par des météorites ont continué. La Lune a conservé des traces de ces anciens bombardements. Sur Terre, ces bombardements ont effacé les traces de la formation de la première croûte. Certains radiochronomètres permettent tout de même de dater le début de la formation de la croûte archéenne à 4,47 milliards d'années, soit 100 millions d'années après le début de la formation du système solaire.

Actuellement, l'hypothèse retenue concernant l'arrivée de l'eau sur Terre est la suivante : l'eau aurait été apportée pour moitié par une pluie de météorites provenant de l'extérieur de la ceinture d'astéroïdes. Les comètes contiennent 50% d'eau et cette eau contient deux fois plus de deutérium que l'eau terrestre. L'autre moitié de l'eau terrestre aurait pour origine le dégazage du manteau (l'eau mantellique ne contient quasiment pas de deutérium). En mélangeant les deux types d'eau, on obtient la quantité de deutérium correspondant à la signature isotopique de l'eau terrestre.

La course de ces météorites aurait pu être modifiée par le champ de gravité de la plus grosse planète du système solaire : Jupiter.

En se désintégrant lors de leur collision avec la Terre, les météorites auraient libéré de l'eau. Au fil des collisions les océans seraient apparus.

Contrairement à ce que l'on a longtemps pensé, la formation des océans aurait été relativement rapide. Le géologue Stephen Mojzsis, en mesurant la teneur en oxygène de zircons extraits des plus anciennes roches terrestres, pense que les roches auxquelles appartenaient ces zircons se sont formées en présence d'eau.

A partir de l'âge des zircons (environ 4 milliards d'années), S. Mojzsis a estimé que les océans avaient mis environ 150 millions d'années à se former.

150 millions d'années après sa formation, notre Terre avait donc des océans riches en fer (de couleur verte) et son atmosphère plus dense que l'actuelle lui donnait une teinte rougeâtre. La température à la surface était certainement de l'ordre de 93°C.

Les gaz qui constituent cette atmosphère primitive sont le diazote, le dioxyde de carbone et le méthane.

Petit à petit le bombardement météoritique va se ralentir.

C'est l'étude des stromatolithes qui va fournir une explication à l'apparition du dioxygène de l'atmosphère. Ces cyanobactéries utilisent du dioxyde de carbone et la lumière et rejettent du dioxygène.

Dans la région du Pilbara (Australie) on peut voir les plus anciens fossiles de stromatolithes (présents il y a environ 3,5 milliards

Fossiles de stromatolithes, image ENS Lyon

d'années).

Cependant, le dioxygène formé par ces premiers stromatolithes ne s'est pas accumulé dans l'atmosphère. Pourquoi?

Un élément de réponse est apporté par des roches situées dans le parc national de Zarijini (Australie). Ces formations rocheuses se sont formées il y a 2,5 milliards d'années. Le dioxygène libéré par les stromatolithes aurait réagi avec le fer pour former de l'oxyde de fer.

Les premiers océans, saturés en fer, auraient absorbé le dioxygène pendant 1 milliard d'années. Les roches de Zarijini se seraient formées par précipitation des oxydes de fer.

Il y a 2,5 milliards d'années, le fer des océans est entièrement oxydé, du dioxygène commence à s'accumuler dans l'atmosphère. Au cours des 2 milliards d'années suivants, le taux de dioxygène va augmenter pour atteindre un taux nécessaire à la vie il y a 500 millions d'années.

Livre 2 : La Lune

Chapitre 1 : La Lune, satellite de la Terre

Le clair de Lune a été la première lumière astronomique. La science a commencé dans cette aurore, et de siècle en siècle elle a conquis les étoiles, l'univers immense. Cette douce et calme clarté dégage nos esprits des liens terrestres et nous force à penser au ciel.

L'étude des autres mondes se développe, les observations s'étendent, et l'astronomie est fondée.

Dans l'antiquité, les Arcadiens, désireux d'être regardés comme le plus ancien des peuples, n'avaient rien imaginer de mieux que de faire remonter leur origine à une époque où la Terre n'avait pas encore la Lune pour compagne, et ils avaient pris pour titre nobiliaire le nom de *Prosélènes*, c'est à dire *antérieurs à la Lune*.

La Lune est la fille de la Terre, elle est née il y a environ 4,51 milliards d'années. L'explication la plus largement acceptée est que la Lune s'est formée à partir des débris restants après un impact géant

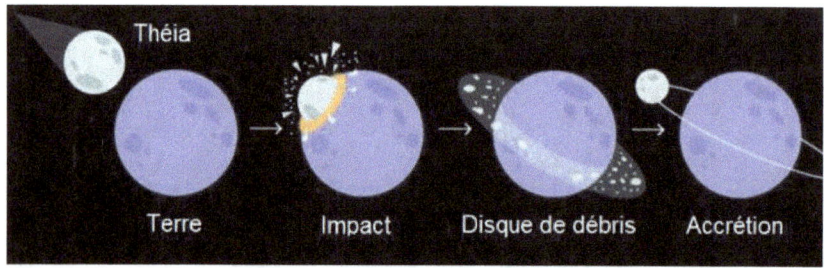

Schéma de l'hypothétique impact géant - Wikipédia

entre une proto-Terre et une protoplanète de la taille de Mars, appelée Théia.

Les premiers astronomes à avoir mesuré la distance Terre – Lune sont probablement les astronomes de l'antiquité grecque. Aristarque de Samos (310 av. JC – 230 av. JC) calcula l'éloignement de la Lune en observant le passage de l'ombre de la Terre sur le disque lunaire.

Jusqu'à la fin des années 1950, toutes les mesures de distance lunaire étaient basées sur des mesures angulaires optiques.

Faisons ici un petit détour par la géométrie des angles. 1 tour complet d'un cercle correspond à 360°. Sur une table de 360 centimètres de circonférence, 1° équivaut à 1cm le long du cercle.

Les distances sont telles que les degrés ne sont plus une mesure suffisamment précise. Il a donc été décidé de partager chaque angle d'1° en 60, nous obtenons alors les minutes d'arc. Chaque minute d'arc peut elle aussi être divisée en 60, nous obtenons les secondes d'arc. Nous devons cette séparation en système sexagésimal aux Babyloniens.

Notons qu'il est possible par le système SI d'utiliser les préfixes, ainsi nous pouvons avoir des millisecondes d'arc, microsecondes d'arc, etc.

Ce n'est jamais très parlant, alors exposons certains exemples concrets.

Si on représente un angle de 1° comme la hauteur d'un humain d'1m70, il faudra que celui-ci soit à une distance, de la personne qui fait la mesure, de 97 mètres. Un petit carton carré d'1 cm vu à 34 mètres correspond à 1' (minute) d'arc.

Un trait d'épaisseur d'1 mm éloigné de 206 m représente la seconde d'arc, 1''.

La seconde d'arc représente aussi un ballon de basket situé à 50 kilomètres de l'observateur.

De ces mesures apparaît une autre unité, très utile en astronomie. Il s'agit du Parsec (pc),

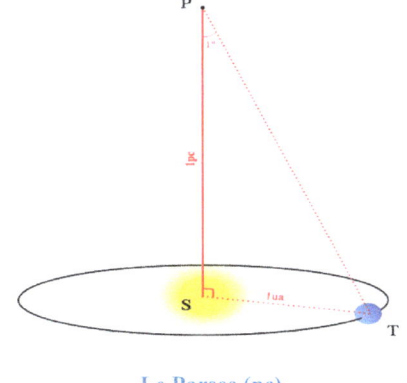

Le Parsec (pc)

inventé en 1913 par l'astronome britannique Herbert Hall Turner (1861 - 1930), contraction de parallaxe - seconde. Il est défini par la distance à laquelle une unité astronomique (ua) soit la distance moyenne Terre – Soleil, environ 150 millions de km, sous-tend un angle d'une seconde d'arc.

En 2015, l'assemblée générale de l'Union Astronomique Internationale propose une définition officielle du parsec, valant exactement 648.000/πunités astronomiques, soit environ 3,2616 années- lumière.

A la fin des années 1990, le satellite Hipparcos a mesuré la parallaxe de quelques 118 000 étoiles avec une précision supérieure à la milliseconde d'arc. De quoi déterminer des distances à plus d'un kiloparsec.

L'ère spatiale a effectivement marqué un tournant qui a permis d'améliorer considérablement la précision et l'exactitude de la mesure Terre – Lune. Au cours des années 1950 et 1960, des expériences ont été menées à l'aide de radar, de lasers, de vaisseaux spatiaux et de modélisations informatique.

La Lune est l'astre le plus proche de nous, leurs centres respectifs sont distant d'environ 384 400 km. Cette distance varie entre 356 410 et 405 000 km. Ces distances sont mesurées par la station terrestre LIDAR (en français : *détection et estimation de la distance par le laser*) et les rétro-réflecteurs placés sur la Lune par les missions Apollo 11, 14, 15, ainsi que par les sondes robots soviétiques Lunokhod.

Ces mesures permettent également de s'apercevoir que la Lune s'éloigne de la Terre de 3,78 cm/an.

Chapitre 2 : Pourquoi la Lune nous tourne autour.

La pesanteur, fait tomber les corps vers la Terre, ne se manifeste pas seulement tout près du sol. Elle existe encore au sommet des plus hautes montagnes. Il est donc naturel de penser que cette pesanteur se fait également sentir à de plus grandes distances, et si on s'éloigne de la Terre jusqu'à une distance de son centre égale à 60 fois son rayon terrestre, donc jusqu'à la Lune, la pesanteur terrestre n'a pas disparu. Cette pesanteur ne serait-elle pas la cause même qui retient la Lune dans son orbite autour de la Terre ? Telle est la question que Newton s'est posée.

Galilée avait analysé le mouvement des corps dans leur chute vers la Terre. Il avait reconnu que la pesanteur produit sur eux toujours le même effet dans le même temps, quelque soit leur état de repos ou de mouvement.

Dans la chute d'un corps tombant verticalement sans vitesse initiale, elle accroît d'une même quantité par seconde, quelque soit le temps déjà écoulé depuis le commencement de la chute. La limite connue à ce jour, notamment dû aux frottements de l'air est détenue par Félix Baumgartner avec une vitesse de 1 357,6 km/h en 2012.

Mais dans le cas d'un mouvement quelconque, la vitesse horizontale reste constante, si on néglige la résistance de l'air. Mais la vitesse verticale varie de la même manière que si le corps tombait verticalement.

Selon le *Principia* d'Isaac Newton :

«*Ainsi, si **un boulet de canon était tiré horizontalement du haut d'une montagne**, avec une vitesse capable de lui faire parcourir un espace de deux lieues avant de retomber sur terre; avec une vitesse double, il n'y retomberait qu'après avoir parcouru quatre lieues, et avec une vitesse décuple, il irait dix fois plus loin (pourvu qu'on n'ait* *point d'égard à la résistance de l'air), et **en augmentant la vitesse de ce corps, on augmenterait à volonté le chemin qu'il parcourrait avant de retomber sur la terre, et on diminuerait la courbure de la ligne qu'il décrirait;** en sorte qu'il pourrait ne retomber sur la terre qu'à la distance de 10, de 30 ou de 90 degrés; ou qu'enfin **il pourrait circuler autour, sans y retomber jamais, et même s'en aller en ligne droite à l'infini dans le ciel.***

*Or, par la même raison qu'un projectile pourrait tourner autour de la terre par la force de la gravité, **il se peut faire que la lune par la force de gravité, (supposé qu'elle gravite) ou par quelqu'autre force qui la porte vers la terre, soit détournée à tout moment de la ligne droite pour s'approcher de la terre, et qu'elle soit contrainte à circuler dans une courbe,** et sans une telle force, la lune ne pourrait être retenue dans son orbite. [...]*

La quantité de cette force doit donc être donnée, et c'est aux mathématiciens à trouver la force centripète nécessaire pour faire circuler un corps dans une orbite donnée.»

Voilà de quoi résumer : Un objet avec une vitesse suffisamment grande tomberait sur Terre, attiré par sa pesanteur, mais ne décrirait qu'une parabole qui passe par une Terre qui n'est plus là. Ainsi, ce mouvement continuerai sur cette lancée, et continuant de tomber, resterai en orbite autour de la Terre.

Le phénomène s'applique à l'ISS, la Station Spatiale Internationale, qui tombe constamment sur la Terre, en la ratant. Elle est toutefois accélérée très brièvement quelquefois par an, pour conserver cette orbite ultra stable à 350 km d'altitude. Ce réglage est dû au très léger ralentissement que subit l'ISS en rencontrant une quantité d'atome d'oxygène très petite certes, mais non négligeable, la faisant ralentir.

A l'époque où Newton eut l'intuition géniale d'une complète identité entre la pesanteur, qui fait tomber les corps à la surface de notre globe, et la force qui maintient la Lune sur son orbite aussi sûrement que le ferai un lien tendu, ni les observations ni la théorie n'étaient assez précises pour établir sans contestation possible cette identité.

L'anecdote suivante appartient sans doute à l'histoire romancée, mais elle est trop jolie pour s'en priver. Newton serait resté 16 ans sans obtenir le contrôle rigoureux de son principe. En 1682, enfin, il entendit parler de la nouvelle mesure de la Terre faite par un astronome français, Jean Picard (1620 – 1682), se fit communiquer le résultat auquel cet astronome était parvenu, revint aussitôt chez lui et, reprenant le calcul qu'il avait essayé seize ans auparavant, il se mit à le refaire avec ces nouvelles données.

Mais, à mesure qu'il avançait, la précision désirée arrivait avec une évidence de plus en plus lumineuse : le penseur en fut comme mentalement ébloui, et se senti frappé d'une telle émotion qu'il ne put continuer, et dû prier un de ses amis de terminer le calcul.

Si, comme on le dit aujourd'hui, ce récit fût inventé de toute pièce par un biographe soucieux d'humaniser son héros, ne le rejetons pas pour cela, car ``se non è vero… `` (*Si ce n'est pas vrai, c'est bien trouvé*).

Newton avait d'ailleurs trouvé par des méthodes de calcul dont il est l'inventeur, que, sous l'action d'une pareille force dirigée vers le Soleil, chaque planète devrait décrire une ellipse ayant un de ses foyers au centre même du Soleil. Et ce résultat était conforme à l'une des lois de mouvement des planètes établies empiriquement par Johannes Kepler (1571 – 1630) à l'aide d'une longue suite d'observations. Le mouvement de la Lune par rapport à la Terre devait obéir à la même loi. Newton était donc autorisé à dire que les satellites pèsent ou gravitent vers les planètes dont ils dépendent. Et que la pesanteur des corps sur la Terre n'est qu'un cas particulier de la gravitation manifestée dans les espaces célestes par le mouvement de la révolution des planètes autour du Soleil, et des satellites autour des planètes.

Quoi de plus naturel alors, que de généraliser cette idée en disant que les astres répandus dans l'espace pèsent ou gravitent les uns vers les autres, suivant cette belle loi qui a pris place dans la science sous le nom de *loi de l'attraction universelle* ! Les progrès de l'astronomie ont absolument démontré l'universalité de cette force. On l'exprime par cette formule qu'il importe de retenir :

La matière attire la matière, en raison directe des masses et en raison inverse du carré des distances.

$$Fa/b = Fb/a = G\frac{mamb}{r^2}$$

Nous développerons plus loin ces lois, au chapitre du mouvement des planètes autour du Soleil.

La lune, tout comme la Terre, est un astre obscur, qui n'a aucune lumière propre, et n'est visible dans l'espace que parce qu'elle est éclairée par le Soleil. Celui-ci en éclaire seulement la moitié. Les phases varient suivant la position de la Lune relativement à cet astre et à nous même.

Lorsque la Lune se trouve entre nous et le Soleil, son hémisphère éclairé est naturellement tourné vers le Soleil, et nous ne la voyons pas : c'est l'époque de la nouvelle Lune. Lorsqu'elle se trouve à un angle droit du Soleil, elle nous présente son hémisphère à demi éclairé : ce sont les époques des quartiers. Lorsqu'elle est derrière nous, elle nous présente de face tout son hémisphère illuminé : la pleine Lune.

Pour nous rendre compte de la différence de durée entre la période des phases et la révolution de la Lune, considérons notre satellite au moment de la nouvelle Lune (NL sur la figure suivante)

Dans cette position, la Lune se trouve juste entre le Soleil et nous. Pendant qu'elle tourne autour de nous, le système entier de la Terre et de la Lune se transporte de la gauche vers la droite.

Pour qu'une autre nouvelle Lune se produise, il ne suffit pas que notre satellite ai accompli un tour entier, elle serait alors au point de sa révolution sidérale (le point rouge à droite) il faut y ajouter une étape supplémentaire, et il faut qu'elle tourne encore pendant encore 2 jours 5 heures et 52 s.

Il en résulte que la durée de lunaison, ou révolution synodique moyenne, est de 29 jours 12 h 44 m et 3 s.

Le mouvement propre de la Lune, D'Ouest à l'Est, et la succession des phases, peuvent être considérés comme les plus anciens faits de l'observation du Ciel et comme la première base de la mesure du temps et du calendrier.

Chapitre 3 : Les phases de la Lune.

Si l'astronomie est la plus ancienne des sciences, l'observation de la Lune est la plus ancienne des observations astronomiques, parce qu'elle est la plus simple, la plus facile, et la plus utile. Le clair de Lune était considéré par l'homme primitif comme une faveur insigne et l'on conçoit que la Lune ait été l'objet d'un culte à l'égal des déesses. La succession de ses phases a fourni aux pasteurs comme aux voyageurs la première mesure du temps, après celle du jour et de la nuit, due à la rotation de notre Terre. Elle formait, plus simplement encore que la succession des saisons, un calendrier naturel.

Dans le cours d'un mois environ, notre satellite fait le tour entier du ciel, en sens contraire du mouvement diurne ; et tandis qu'elle paraît se lever et se coucher comme tous les astres, en marchant d'orient en occident, elle retarde chaque soir et semble rester en arrière des étoiles ou reculer vers l'orient. Ce mouvement est très sensible, et il suffit d'examiner la position de la Lune quelques jours de suite pour s'en rendre compte. Si elle est, par exemple, voisine d'une belle étoile, elle s'en détache et s'en éloigne pour faire le tour du ciel à contre-sens du mouvement diurne : à la fin du premier jour, elle est éloignée de 13°, le second jour elle est de 26°, le troisième 39°, etc.

Après 27 jours, elle est venue la rejoindre par le côté opposé, ainsi elle se retrouve au même point où elle paraissait le mois précédent, après avoir semblé répondre successivement aux étoiles qui sont tout autour du ciel.

L'observation des phases de la Lune a dû être antérieure à celle de son mouvement sidéral.

Lorsqu'elle commence à se dégager le soir des rayons du Soleil, le surlendemain de la conjonction ou nouvelle Lune, elle présente la forme d'un croissant très délié dont la convexité est toujours tournée du côté du Soleil couchant.

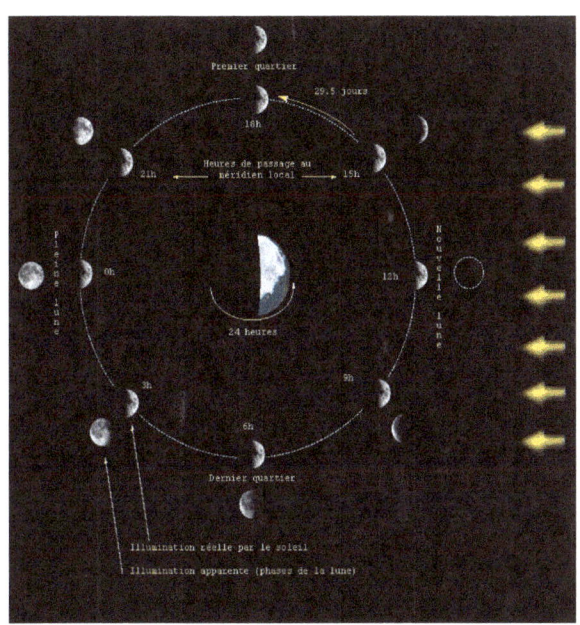

Les phases synodique de la Lune

La largeur du croissant va graduellement en augmentant. En l'espace de 5 à 6 jours, l'astre atteint la forme d'un demi-cercle : la partie lumineuse est alors terminée par une ligne droite. Nous disons alors que la Lune est *dichotome*, ou en *quadrature* :

C'est son premier quartier. On l'aperçoit facilement pendant le premier jour.

En continuant de s'éloigner du Soleil, elle affecte la forme ovale et sa lumière augmente pendant 7 autres jours, après lesquels elle devient tout à fait circulaire. Son disque entier et lumineux brille pendant toute la nuit : c'est l 'époque de la *pleine Lune*, ou de l'*opposition* :

On la voit passer au méridien à minuit, et se coucher dès que le Soleil se lève. Tout annonce alors qu'elle est directement opposée au Soleil par rapport à nous, et qu'elle brille parce que l'astre lumineux l'éclaire en face, et non plus de côté.

Après la pleine Lune, arrive le décours, qui donne les mêmes phases et les mêmes figures présentées pendant l'accroissement : elle est d'abord ovale, puis arrive progressivement à la forme d'un demi-cercle, puis d'un croissant qui devient jour après jour plus étroit, et dont les cornes sont tournées à l'opposé du Soleil. La Lune se lève alors le matin un peu avant le Soleil. Elle s'en rapproche et se perd dans ses rayons… Nous voici arrivé à la nouvelle Lune, nommée aussi *conjonction*, ou la *néoménie*.

Nous avons déjà vu que la série d'aspects divers sous lesquels la Lune se présente à nous a pour durée le temps de la révolution synodique de cet astre, soit 29 jours et 13h. Les époques de nouvelle Lune et de pleine Lune s'appellent aussi *syzygie*, et celles des quartiers les *quadratures*.

Nous avons également vu que le passage du Soleil au méridien se produisait avec un retard quotidien de 4 minutes sur celui des étoiles. Comme le mouvement sidéral de la Lune est 13 fois plus rapide que celui du Soleil, son retard est encore plus prononcé. D'un jour à l'autre, la Lune retarde sur le Soleil d'environ 50 minutes. Le jour lunaire a donc une durée de 24h 50m. Mais c'est là une valeur moyenne, l'extrême complexité du mouvement de la Lune entraînant des grandes variations de ce jour lunaire.

Il est évident que le moment où la Lune devient nouvelle, c'est à dire au moment où le mois lunaire commence, ne peut être déterminé par une observation immédiate, directe, à moins qu'à cet instant précis de la conjonction, la Lune passe juste devant le Soleil en produisant une éclipse.

Mais il n'en est pas ainsi en général, parce que la Lune, qui circule pourtant dans les constellations zodiacales dont elle ne sort jamais, s'écarte cependant quelque peu de l'écliptique, qu'on l'expliquera dans le prochain chapitre, à propos des complications de son mouvement. Si elle se bornait à suivre l'écliptique, comme le Soleil, il se produirait une éclipse de Soleil à chaque nouvelle Lune, et une éclipse de Lune à chaque pleine Lune.

Or, il suffit de regarder un annuaire pour vérifier que 4 syzygies sur 5 ne sont marquées par aucune éclipse, la Lune se trouvant alors trop loin, soit vers le Nord, soit vers le Sud, pour que ce phénomène soit possible.

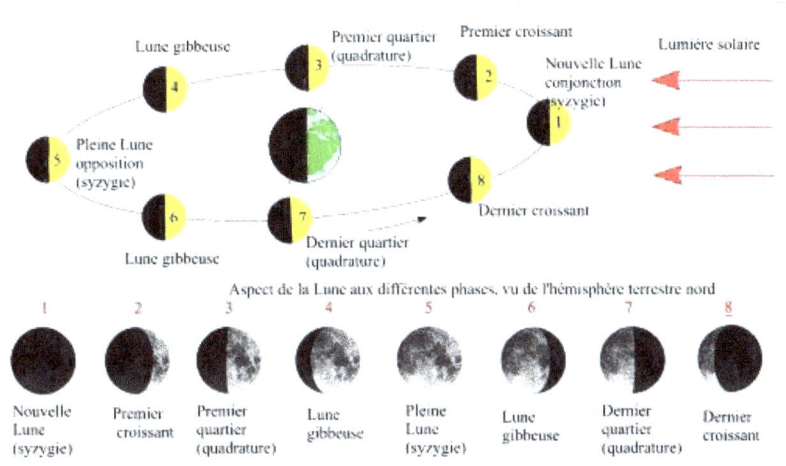

Le Soleil et la Lune restent l'un et l'autre dans la zone céleste des constellations zodiacales.

Or, au moment où le Soleil vient de se coucher et où on commence à chercher la jeune Lune, l'écliptique fait avec l'horizon un angle variable avec la saison. A Paris, cet angle atteint 64° au printemps, mais il n'est plus que de 18° en automne.

Cela implique une plus grande hauteur de la Lune au dessus de l'horizon, et c'est au printemps que les parisiens ont les plus grandes chances d'apercevoir le fin croissant de Lune. Au contraire, c'est en automne qu'ils devraient se lever tôt s'ils voulaient contempler le croissant de Lune finissante, dans l'aurore.

Lorsque la Lune est en croissant, pendant les premiers jours de la lunaison, on remarque que le reste du globe lunaire est visible, éclairé par une pâle lumière. C'est la *lumière cendrée*, comme illustré ci-contre.

Lune cendrée (source Futura Science)

Elle a pour cause la Terre elle-même. En effet, la Terre est illuminée par le Soleil et elle diffuse la lumière dans l'espace. Quand la Lune est en conjonction pour nous avec le Soleil, la Terre est pour elle en opposition. C'est l'époque de la pleine Terre pour un observateur qui serait sur la Lune. La clarté que notre globe envoie à la Lune atteint alors environ 45 fois celle que la pleine Lune nous envoie.

Les anciens eurent beaucoup de peine à expliquer la cause de cette lumière secondaire. Les uns l'attribuaient à la Lune même, supposée transparente ou phosphorescente, les autres les étoiles fixes.

Kepler assure que Tycho Brahé l'attribuait à la lumière de Vénus, et que Maestlin (1550 – 1631) fut le premier qui expliqua en 1596 la véritable cause de cette lumière cendrée. Mais elle avait déjà été expliquée par le célèbre Léonard de Vinci (1452 – 1519) en 1518.

La lumière cendrée paraît beaucoup plus vive quand on se place de manière à cacher, grâce à quelques toits, la partie lumineuse de la Lune, laquelle efface un peu la lumière secondaire. Celle-ci est alors suffisante pour nous faire distinguer les grandes tâches de la Lune, surtout vers le troisième jour de la lunaison.

Elle disparaît presque entièrement à l'œil nu quand la Lune est en quadrature (au premier quartier) :

- parce que la Terre, elle-même en quadrature, diffuse moins de lumière, de sorte que le *clair de Terre* sur la Lune est affaibli ;

- parce que la moitié de la Lune qui reçoit directement les rayons solaires nous éblouit.

Mais on peut encore voir la lumière cendrée dans une bonne lunette, à condition que les verres en aient été soigneusement essuyés et débarrassés de poussière et d'humidité. En effet, la lumière cendrée ne cesse guère d'être observable que 3 jours avant la pleine Lune. Elle réapparaît 3 jours après.

On décrit de manières bien diverses les colorations de la lumière cendrée. Les uns la voyant grise, d'autres verdâtre, d'autres encore vert-olive. En réalité, les données colorimétriques démontrent qu'elle est bleue et que, par conséquent, la Terre diffuse une lumière bleuâtre. Les plaques photographiques étant sensibles aux radiations bleues, la lumière cendrée de la Lune les affectait beaucoup plus qu'on avait imaginé, d'après son intensité. L'Observatoire de Juvisy possède une remarquable collection de ces photographies.

Les anciens auteurs qui ont traité de la lumière cendrée affirmaient que, pour une même phase, la lumière du matin était plus intense que celle du soir. Les mesures photométriques contemporaines démontrent qu'il n'en est rien. Mais le croissant du matin est moins brillant que celui du soir, parce que les taches sombres, improprement appelées *mers lunaires*, en occupent une plus grande partie. Par contraste, la lumière cendrée paraît renforcée, mais ce n'est là qu'une illusion.

Une autre illusion d'optique fait paraître le croissant lumineux dilaté par rapport au reste du disque, éclairé seulement par la lumière cendrée. C'est ce que les anglais appellent ``La vieille Lune dans les bras de la nouvelle``. Simple effet d'irradiation, cette apparence est due à l'éblouissement causé par la lumière du croissant qui est, en effet, beaucoup plus brillant.

C'est à la succession des phases et des aspects de la Lune qu'on doit l'usage de mesurer le temps par mois et par semaine de 7 jours, les phases de la Lune revenant mois après mois, et la Lune paraissant pour ainsi dire sous une forme nouvelle, tous les 7 jours. Il n'y avait dans le ciel aucun signal dont les alternances fussent plus remarquables, ni d'une détermination immédiate :

Dès que l'humain a eu la notion des nombres, il a dû compter à la fois par jour et par Lune. La nouvelle apparition du croissant lunaire, qui marquait le début du mois, était épiée avec soin, constatée par les prêtres, et annoncée à son de trompe. Aujourd'hui, dans les pays musulmans, notamment au Maroc, elle est saluée à coup de canon quand elle marque le début du Ramadan, ou sa fin.

Chaldéens, Juifs, Égyptiens, y prêtaient attention. La nouvelle Lune était célébrée chez les Perses et chez les Grecs, les olympiades commençant à la nouvelle Lune. Horace mentionne aussi cette fête chez les Romains. On a retrouvé des traces de tels usages jusqu'en Tasmanie.

La semaine a aussi la Lune pour origine : c'est une mesure naturelle fournie par les quatre phases de la Lune. Les sept premiers astres de la mythologie antique étant en nombre égal à celui des jours de la semaine, en ont été considérés comme les divins protecteurs, et les noms que ces jours portent encore aujourd'hui proviennent de ceux du Soleil, de la Lune et des cinq planètes connues des Anciens. C'est du moins évident pour les jours suivants :

Lundi → *jour de la Lune.*

Mardi → *jour de Mars.*

Mercredi → *jour de Mercure.*

Jeudi → *jour de Jupiter.*

Vendredi → *jour de Vénus.*

Dans le calendrier des Romains, le dimanche était consacré au Soleil : *Dies Solis* (Jour du Soleil). Constantin (272 – 337), en adoptant le christianisme comme religion d'état, transforma *Dies Solis* en *Dies Dominica*, le jour du seigneur, qui est devenu notre dimanche. (En Allemagne, il est resté *Sonntag*, en anglais *Sunday*).

Quant au samedi, qui en anglais est encore consacré à Saturne (*Saturday*), son nom viendrait du latin populaire : *Sambadi Diem*, le jour de Sabbat. L'ancien français employait en effet les formes suivantes : *Sambedi*, *Samadi*. En 1971, le programme des cours du

Collège de France, encore rédigé en latin, le désignait par l'expression : *Dies Sabbati.*

Chapitre 4 : Le mouvement de la Lune autour de la Terre.

Masse et densité de la Lune.

La lune tourne autour de la Terre en décrivant, non pas une circonférence parfaite, mais une ellipse dont l'excentricité est d'environ 1/18e (0,0549). On peut s'en former une idée en remarquant que si on représentait l'orbite lunaire en prenant 18 centimètres pour le grand axe de l'ellipse, la distance qui sépare ses deux foyers serait d'un centimètre, c'est à dire que la distance du centre à chacun des foyers serait d'un demi-centimètre.

Cette excentricité est plus forte que celle de l'orbite terrestre, qui est de 0,016 710 22 (*voir glossaire pour plus de détails*), ce qui veut dire que l'ellipse lunaire s'écarte plus du cercle que la notre.

La distance de la Lune varie donc notablement pendant toute sa révolution, et on peut s'en assurer en mesurant le diamètre apparent de son disque, dont les variations correspondent à celles de ses distances

Réflecteur lunaire, posé lors d'une mission Apollo - NASA

avec la Terre.

Quand la Lune occupe l'extrémité du grand axe la plus voisine du foyer, sa distance est minimum. Elle est alors au *périgée*, et son diamètre apparent offre sa plus grande valeur. A l'autre extrémité du même axe, appelé *apogée*, la distance est au contraire maximum, et le diamètre apparent est le plus petit.

Et à chaque extrémité du petit axe, la distance est dite moyenne.

Résumons :

- Distance maximum (apogée) → 405 400 km

- Distance moyenne → 384 398 km

- Distance minimum (périgée) → 362 600 km

Ainsi, en quinze jours, la variation correspond à 42 800 km, c'est à dire 1/9 environ de la distance moyenne. Cette différence est sensible pour la grandeur apparente, elle se remarque lors des éclipses solaire, totale ou annulaire suivant cette distance.

Le mouvement de la Lune est encore plus complexe que celui de la Terre. Sans entrer dans tous les détails, signalons-en ici les particularités les plus curieuses.

- L'orbite de la Lune n'est pas située dans l'écliptique, plan dans lequel la Terre se déplace autour du Soleil. Le plan de la Lune est incliné de 5,145° (il varie entre 5° et 5,28°) selon un cycle de 173 jours.

- L'axe de rotation de la Lune n'est pas perpendiculaire à son plan orbital, et l'équateur lunaire est incliné de 1,5432° sur l'écliptique.

- La période de révolution de la Lune sur elle-même est exactement égale à sa période de rotation autour de la Terre. Par conséquent, presque toute une face de la Lune reste cachée lors de son mouvement autour de la Terre.

- On voit environ 59 % de la surface de la Lune depuis la Terre, puisque son orbite, étant elliptique, ne le parcourt pas à vitesse constante, alors que sa rotation sur elle-même est parfaitement régulière. Ceci entraîne une avance ou un retard de la rotation de la Lune par rapport à sa rotation autour du Soleil.

Face visible de la Lune

Face cachée de la Lune

Pour ce premier ouvrage, initiatique au possible, il n'est pas indispensable de pousser très loin l'étude de toutes ces irrégularités, mais il est intéressant de savoir qu'elles existent.

Ernest William Brown (1866 – 1938) qui a consacré une partie de sa vie de mathématicien et d'astronome à la théorie des perturbations de l'orbite lunaire, a examiné près de 1500 inégalités de mouvement compliqué. Un tiers se sont trouvées être négligeables, mais 500 restent utiles.

Pour se représenter une idée exacte du mouvement de la Lune, voyons quel effet produit la combinaison du mouvement mensuel de la Lune autour de la Terre, avec le mouvement annuel de la Terre autour du Soleil.

Si la Terre était immobile, la Lune reviendrait au bout de sa révolution au point où elle était au commencement, et son orbite serait une courbe fermée.

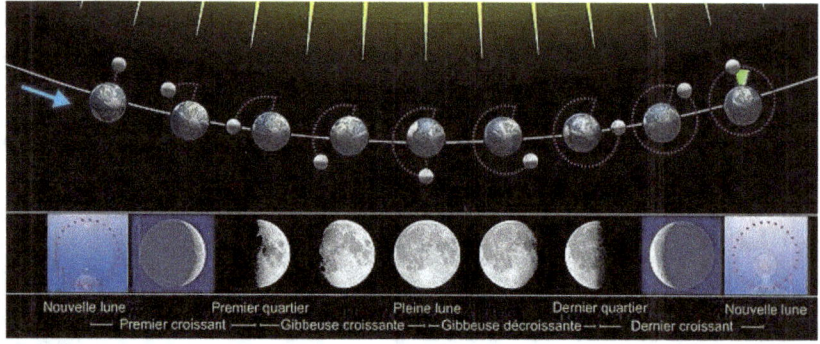

Phases de la Lune

Pendant que la Lune tourne, la Terre se déplace vers la droite, et en sept jours, se déplace de sept fois 2 572 000 km dans l'espace. Le premier quartier arrive, sept jours après, la Terre est encore plus loin, et la pleine Lune arrive.

Une semaine plus tard, le dernier quartier arrive, et quand la révolution est complète, la Lune reprend la position de départ. On imagine donc très bien la vague formée par le mouvement de notre satellite autour du mouvement de la Terre.

Nous connaissons déjà la distance Terre – Lune, sa grandeur, ses mouvements. Nous allons bientôt survoler le sol accidenté si caractéristique de la Lune.

Il nous reste un point intéressant à observer. La masse de la Lune. On peut la déterminer par l'analyse des effets attractifs qu'elle produit sur Terre.

Le premier et le plus évident de ces effets est offert par les marées. L'eau des mers s'élève deux fois par jour sous l'appel silencieux de notre satellite. En étudiant avec précision la hauteur des eaux ainsi élevées, on trouve l'intensité de la force nécessaire pour les soulever, et part conséquent la masse qui la produit. Voilà une première méthode.

Une autre méthode est fondée sur l'influence que la Lune exerce dans les mouvements du globe terrestre : Nous avons déjà évoqué le fait que la Lune fait décrire au centre de la Terre une orbite autour du centre de gravité Terre – Lune, et que ce mouvement se traduit par une inégalité mensuelle du mouvement apparent du Soleil. L'observation du Soleil permet donc de connaître la position du centre de gravité par rapport au centre de la Terre. On peut donc en déduire assez simplement la masse de la Lune. Ces méthodes, et d'autres encore, s'accordent à fixer la masse de la Lune est de 1,23 % celle de la Terre. Comme la masse de la Terre est de $5,97722 \times 10^{24}$ kg, soit environ 6 000 millions de milliards de tonnes. Celle de la Lune est donc de $7,342 \times 10^{22}$, soit environ 74 millions de millards de tonnes.

La densité moyenne de la Lune déduite de ce résultat est 3,34 g/cm^3, soit 3/5 de celle de la Terre. La pesanteur à la surface de la Lune est plus faible que sur Terre. Elle a été mesurée à 1,622 m/s², contrairement aux 9,81 m/s² de la Terre. Ainsi les objets y pèsent 6 fois moins que sur notre globe. Un humain pesant 70 kg sur Terre ne pèse plus que 12 kg sur la Lune. D'où les spectaculaires sauts des astronautes des missions Apollo, notamment la première expédition le 21 juillet 1969.

Chapitre 5 : Les influences de la Lune sur la Terre

Les mouvements des eaux avait si désespérément intrigué les Anciens, qu'ils l'appelaient le tombeau de la curiosité humaine. Néanmoins, il offre le à l'examen attentif un rapport si manifeste avec le mouvement de la Lune, que plusieurs astronomes de l'Antiquité avaient reconnu et affirmé ce rapport. Ainsi Clèomède (entre le 1er et 2ème siècle av. JC), écrivain grec et astronome, dit positivement dans sa Cosmographie, que la Lune produit les marées.

Dans les temps moins anciens, Galilée et Kepler eux-mêmes n'y croyait pas. C'est Newton qui en commença la démonstration mathématique, et c'est Laplace (1749 – 1827) qui la termina, en prouvant que les marées sont causées par l'attraction lunaire et par celle du Soleil.

La mécanique céleste nous apprend que la marée solaire est à la marée lunaire dans le rapport de 1 à 2,25. Par soucis d'accessibilité de ce premier ouvrage, il n'y figurera aucune équation mathématique. Cependant, nous devons un minimum d'explications pour ces 2,25.

L'ENS (École Normale Supérieure) de Lyon a rédigé un rapport en 2005 sur cette moyenne. (Le lecteur curieux pourra copier ce lien dans un navigateur :

https://planet-terre.ens-lyon.fr/ressource/determination-masse-Lune.xm

l).

Equinoxe de printemps

	date	MH matin	MH soir	MB journée	MB nuit	Excès	Excès moyen		F_{sl}/F_{ml}
Syzygies	10/03/01	785	776	79	83	699,5			
	11/03/01	796	764	91	81	694	696,75		
Syzygies	26/03/01	719	707	149	159	559		616,38	
	27/03/01	723	706	157	159	556,5	557,75		
Syzygies	09/04/01	754	738	70	83	669,5			2,29
	10/04/01	727	702	78	77	637	653,25		
Quadratures	04/03/01	561	557	299	301	259			
	05/03/01	558	591	285	285	289,5	274,25		
Quadratures	17/03/01	545	537	302	325	227,5		241,13	
	18/03/01	520	520	339	336	182,5	205		
Quadratures	02/04/01	545	556	276	298	263,5			
	03/04/01	558	591	271	284	297	280,25		

Equinoxe d'automne

	date	MH matin	MH soir	MB journée	MB nuit	Excès	Excès moyen		F_{d}, F_{sof}
Syzygies	03/09/01	650	669	168	148	591,5	541		
	04/09/01	652	675	147	19	580,5			
Syzygies	18/09/01	735	766	58	41	701	697,5	618,19	
	19/09/01	751	759	66	59	693			
Syzygies	03/10/01	683	696	161	141	538,5	536,75		
	04/10/01	685	710	159	166	535			2,22
Quadratures	11/09/01	533	523	274	286	248	247,5		
	12/09/01	526	530	282	280	247			
Quadratures	25/09/01	532	510	312	330	200	204	234,38	
	26/09/01	527	518	312	317	208			
Quadratures	11/10/01	536	538	288	277	254,5	282		
	12/10/01	570	585	288	248	309,5			

Les 2 tableaux page précédente montrent leur résultat. La moyenne est effectivement de 2,25, la dernière colonne de chaque tableau nous montrons le rapport entre marée solaire et marée lunaire.

L'onde des marées se propage de l'Est vers l'Ouest, dans le sens du mouvement de notre globe, les hautes mers se succèdent à un intervalle d'un demi jour lunaire, ou 12h 25m. Mais les aspérités continentales composantes de notre planète modifient quelque peu cette routine.

Les marées peuvent, par exemple, s'engouffrer dans les mers resserrées de la Manche ou la mer d'Irlande, où elles arrivent à se propager à contre-sens en augmentant progressivement l'amplitude.

On conçoit que l'onde de la marée prenne de plus en plus d'amplitude à mesure qu'elle avance dans un espace étroit. Ce qui est vrai pour la manche l'est, à priori, pour les estuaires des grands fleuves, où le phénomène bien connu du mascaret peut atteindre une grande violence.

Ce phénomène se caractérise par une vague, plus ou moins haute, qui remonte le cours du fleuve et dont la puissance varie en fonction de la hauteur de la marée, du débit du fleuve à ce moment et de la topographie (profondeur et largeur du lit, bancs de sable, méandres, déclivité, structure de la baie (une forme en entonnoir est indispensable, etc.).

L'aménagement du fleuve peut le faire s'atténuer ou disparaître comme pour la Seine. C'est une vague, déferlante ou non, remontant le cours d'eau, s'accentuant généralement lorsque son lit se resserre.

Physiquement, le mascaret correspond à la propagation d'un ressaut le long du cours d'un fleuve ou d'un canal. On peut observer ce même ressaut hydraulique fixe et circulaire dans l'évier lorsque le robinet coule. Ce ressaut finit par se décomposer en plusieurs ondes car les vagues se déplacent plus vite lorsqu'elles sont longues.

L'attraction luni-solaire, qui se traduit aux yeux de tous par les marées, a des effets beaucoup plus discrets : en un point donné, la gravité subit de faibles variations, de l'ordre d'un dix-millionièmes de sa valeur.

La masse du kilogramme, dont l'étalon est représenté par l'image ci-contre, varie donc périodiquement d'un dixième de milligramme en plus ou en moins.

Ceci peut toutefois rester anecdotique, la CGPM (Conférence Générale Poids et Mesure) à donné une nouvelle définition du kilogramme en 2018, apporté par la mécanique quantique (qui ne sera pas aborder dans cet ouvrage) via la constante de Planck, et à l'aide d'une balance du Watt, ou balance de Kibble.

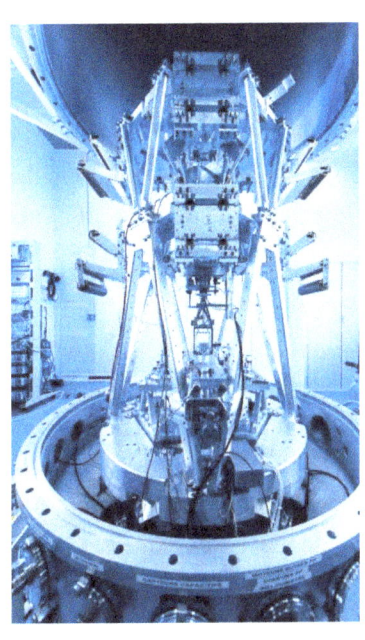

Balance du Watt

Pour mesurer la constante de Planck, les chercheurs ont utilisé cette balance, qui permet de comparer des puissances électriques et mécanique. Son principe : Une balance, dont l'un des bras supporte une masse et dont l'autre est relier à une bobine placée dans un champ magnétique. Par mesure en deux temps, il est alors possible de relier cette masse, exprimée en kilogramme, à une tension aux bornes de la bobine, et un courant y circulant. Le lien avec la constante de Planck se fait via des phénomènes quantiques (Josephson et Hall quantique) impliquant cette tension et ce courant.

Il en résulte une approximation extraordinaire de cette constante, à $5{,}7.10^{-8}$près.

On peut se demander si le Soleil et la Lune produisent aussi des marées atmosphériques. Les scientifiques ont étudié soigneusement les enregistrements quotidiens de la pression barométrique obtenus dans les stations météorologiques, en vue d'y trouver un résultat exploitable.

L'influence du Soleil est manifeste : a Paris, par exemple, la pression au sol présente en moyenne deux maxima par jour, l'un dans la matinée, l'autre vers 22h, séparés par des minima.

L'amplitude totale moyenne totale de cette variation est un peu supérieure à 133,322 pascals.

Si c'était bien là une marée au sens propre du mot, on devrait trouver aussi une onde lunaire, d'une amplitude sensiblement double. Or, on n'a pu mettre en évidence aucune marée atmosphérique d'origine lunaire, et ce fait important doit être opposé à la croyance populaire selon laquelle la Lune a une influence considérable sur notre atmosphère.

Évoquons ici la question si controversée des influences lunaires sur Terre. Si l'adage « *Vox populi, vox Dei* » (la voix du peuple est la voix de Dieu) était encore admis, on pourrait assurer que la Lune exerce sur la Terre et sur ces habitants, les influences les plus extraordinaires. Dans l'opinion populaire, elle aurait aussi une action sur les changements de temps, l'état de l'atmosphère, les plantes, les animaux, les humains…. sur tout le monde macroscopique.

La Lune est entrée dans toutes les formes du langage, depuis la *Lune de miel*, jusqu'à la *Lune rousse*.

« *Je suis charmé de vous voir réunis autour de moi*, disait un jour Louis XVIII (1755-1795) aux membres composant une délégation du Bureau des Longitudes qui était venu lui présenter la Connaissance des temps, *car vous allez m'expliquer nettement ce qu'est la Lune rousse, et son mode d'action sur les récoltes* ». Laplace, à qui s'adressaient particulièrement ces paroles, resta comme atterré, lui qui avait tant écrit sur la Lune. Ne voyant personne disposé à prendre la parole, répondit :

« *Sire, la Lune rousse n'occupe aucune place dans les théories astronomiques, nous ne sommes donc pas en mesure de satisfaire la curiosité de sa Majesté* ».

La Lune rousse viendrait d'un nom donné par les jardiniers, pour une Lune qui commence en avril, devient pleine, soit à la fin de ce mois, soit plus ordinairement dans le courant du mois de mai. Dans l'opinion populaire, la lumière de la Lune, en avril et en mai, exerce une fâcheuse action sur les jeunes pousses des plantes. On assure avoir observé que la nuit, quand le ciel est serein, les feuilles les bourgeons exposés à cette lumière rougissent, c'est à dire gèlent, même si le thermomètre affiche des températures au dessus de zéro.

Écartons tout de suite l'idée étrange, voire absurde, que le rayonnement de la Lune, qui apporte d'un point de vue physique de l'énergie, certes extrêmement faible mais positif, puisse faire baisser la température des jeunes pousses sans abaisser celle de l'air…

Ainsi les nuits claires d'Avril et Mai constituent autant de dates critiques pour l'agriculteur, mais la Lune n'y est pour rien. Lorsqu'elle est présente, la pureté du ciel éclate aux yeux de tous, quand elle est absente, il est moins facile d'apprécier la transparence de l'air.

La Lune n'est ici qu'un indicateur de beau temps. La Lune rousse n'est qu'une croyance populaire de plus. Il n'y a, dans tout cela, qu'une survivance lointaine des croyances de la magie et de l'astrologie, qui ont détourné pendant des siècles l'esprit humain de la véritable science.

Chapitre 6 : La Physique Lunaire.

La plupart des philosophes de l'Antiquité ont dit leur mot sur la Lune, mais n'ayant pas les moyens d'observation suffisants, ils ont essayé de reconstituer la physique lunaire par la puissance du raisonnement. Les uns avaient deviné qu'elle n'avait pas de lumière propre, et qu'elle brille d'un éclat emprunté au Soleil. Tel était le sentiment de Thalès (vers 625 av. JC – vers 545 av. JC), Anaximandre (vers 610 av. JC – vers 546 av. JC), Anaxagore (500 av. JC – 428 av. JC) et d'Empédocle (490 av. JC – 430 av. JC).

Pythagore (580 av. JC – 495 av. JC) et ses disciples voyaient en la Lune une autre Terre, peuplée d'animaux plus grands et plus beaux. D'autres, parmi les Anciens, prenaient la Lune pour un miroir réfléchissant de la Terre du haut du ciel.

Mais c'est bien la lumière solaire que la Lune nous renvoie. S'il y avait besoin de le prouver, une simple analyse spectrale de la lumière suffirait. Mais la Lune n'est pas un diffusant parfait, elle absorbe une grande partie de l'énergie solaire qu'elle reçoit, 92,7 %. Elle ne nous en renvoie donc que 7,3 %. On dit que son albédo est de 0,073.

Comme la fraction absorbée va en augmentant quand on parcourt le spectre du rouge au violet, il s'en suit que la Lune paraît un peu plus jaune que le Soleil. Cette affirmation pourrait être remise en doute par un lecteur observateur du ciel nocturne, affirmant une teinte plus bleuté que jaune. Il ne s'agit là que d'une illusion d'optique, un phénomène physiologique nommé *effet Purkinje* ; de Jan Evangelista Purkinje (1787-1869).

On a déterminé à l'aide de photomètres spéciaux le rapport d'éclairement entre le plein Soleil de midi, en été, et le clair de Lune au moment de la pleine Lune. Ce rapport est d'environ 480 000.

Compte tenu des phases de la Lune, le Soleil nous fourni plus d'énergie lumineuse en 20 secondes que la Lune en un an.

On pourrait s'imaginer que la Lune nous éclaire en proportion de la fraction de son disque illuminé par le Soleil, et que, par exemple, la pleine Lune nous envoie deux fois plus de lumière que les quartiers. Les observations photométriques montrent que ce n'est pas la bonne méthode de raisonnement. La pleine Lune nous éclaire autant que 12 Lunes en quartiers. Autrement dit, à surface égale, elle est six fois plus brillante que le quartier.

Voici un tableau faisant connaître la variation de l'intensité globale de la Lune avec l'angle de phase (c'est la distance angulaire de la Lune au point de l'écliptique diamétralement opposé au Soleil.

L'intensité est supposée arbitrairement égale à 100 pour la pleine Lune, qui donne une proportionnalité facilement transférable en pourcentage.

ANGLE DE PHASE	INTENSITÉ LUMINEUSE
0°	100 (pleine Lune)
30°	46
60°	21
90°	8 (quartiers)
120°	2,5
150°	0,4
180°	0 (nouvelle Lune)

Nous savions déjà que le croissant lunaire disparaît totalement lorsque la Lune est à 7° du Soleil, son angle de phase est alors de 173°.

Les astronomes caractérisent par un nombre, appelé *Albédo*, l'aptitude d'un astre à diffuser de la lumière que cet astre reçoit du Soleil. L'Albédo est la fraction de lumière incidente que l'astre diffuse tout autour de lui, dans toutes les directions de l'espace, le surplus étant absorbé.

On peut calculer l'albédo quand on a pu comparer l'astre et le Soleil à l'aide d'un photomètre, sous toues les phases possibles. C'est ainsi que Gilbert Rougier (1886 – 1947) a trouvé un albédo de 0,073 pour la Lune.

Photomètre lunaire et solaire

Ajoutons comme point de comparaison, que l'albédo de la Terre a été mesuré à 0,367. A noté qu'il s'agit de l'albédo géométrique, légèrement différent de l'albédo de Bond, dont une définition se trouve dans le glossaire, disponible en fin d'ouvrage.

Le premier dessin qu'on a fait de la Lune à l'œil nu fut certainement une représentation grossière de la figure humaine, car la position des taches correspond suffisamment à celle des yeux, du nez et de la bouche pour justifier cette interprétation pour le moins anthropomorphique. Cette ressemblance n'est due qu'au hasard, et elle s'efface lorsqu'on observe la Lune avec un instrument grossissant, aussi faible soit-il.

Quand Galilée, en 1609, se servit de la première fois des lunettes qu'il venait de construire, il reconnu des vallées dominées par des montagnes très élevées, formant un relief insoupçonné jusqu'alors, ainsi que des formations circulaires qu'il compara aux yeux de la queue du paon.

La nuit venue, dirigeons une lunette astronomique vers la Lune : le spectacle est saisissant. Les formations les plus caractéristiques du sol lunaire ne semble pas un effet du hasard. Beaucoup sont modelées sur le même schéma : de vastes arènes circulaires, appelés *cratère* ou *cirque*, suivant le diamètre.

Le sol lunaire est composé d'une fraction de régolithe, la partie du sol recouvrant la roche. Ses propriétés physiques sont le résultat de la mécanique de désintégration des roches *basaltiques* (magma refroidi) et *anorthosite* (roche magmatique), causée par le bombardement continu de météorites et de particules chargées durant des millions d'années.

Régolithe lunaire collectée durant la mission Apollo 17

A première vue, la Lune semble un corps froid, peut-être même glacé. La température à sa surface passe de 100°C le jour à -150°C la nuit. En effet, ne possédant pas d'atmosphère, rien ne retient ou même protège de la chaleur, par effet de serre. Au fond de certains cratères, la température peut descendre jusqu'à -230°C.

Chapitre 7 : Les éclipses.

Nous arrivons ici, à la fois au dernier chapitre concernant notre plus proche voisine, mais aussi à celui décrivant l'un des phénomènes céleste les plus frappants et les plus populaires. Lorsqu'au milieu de la journée, le disque du Soleil diminue peu à peu, arrive à un anneau, voir disparaît totalement, comment ne pas être impressionné par ce spectacle naturel.

Si on ignore que ce fait est dû à l'interposition de la Lune devant le Soleil, comment ne pas craindre cet évènement paru cataclysmique aux yeux des Anciens, ignorant la mécanique céleste.

Les éclipses, de même que les comètes, ont longtemps été perçues comme un signe de malédiction ou de fin du monde. Rappelons qu'en France, en 1560, lors de l'annonce d'une éclipse solaire, elle présageait soit d'un bouleversement des États et la ruine de Rome, soit un nouveau déluge universel. Certains écrits parlent même d'un embrasement de la Terre.

Les éclipses ne causent plus de frayeur à personne depuis que l'on sait qu'elles sont une conséquence naturelle et inéluctable des mouvements combinés de trois corps célestes : le Soleil, la Terre et la Lune. On sait aussi, maintenant, que ces mouvements sont déterminés et permanents, et que grâce à leur harmonie, on peut déduire aux moyen de calculs, les éclipses qu'ils produiront dans l'avenir, et aussi retrouver celles du passé.

Ainsi, un astronome du 18è siècle, Alexandre Guy Pingré (1711 – 1796), a calculé les dates de toutes les éclipses qui sont arrivées depuis trois mille ans, et en 1887, Théodore Von Oppolzer (1841 – 1886) a publié les éléments de toutes les éclipses solaire, au nombre de 8000, de l'an 1208 avant notre ère, jusqu'en 2161, et des éclipses de Lune par l'ombre, au nombre de 5200, de l'an -1207 à 2163.

Chacun sait aujourd'hui que c'est la Lune qui, en tournant autour de la Terre, produit une éclipse du Soleil lorsqu'elle s'interpose entre le Soleil et la Terre, tandis qu'une éclipse de Lune est produite par la Terre.

Dans une éclipse de Soleil, la Lune masque le Soleil en totalité ou en partie pour certains points d'observation terrestre. Elle est soit totale, soit annulaire, soit partielle, soit non visible.

Dans une éclipse de Lune, au contraire, notre satellite cesse en totalité ou en partie d'être éclairé par le Soleil, parce qu'il traverse l'ombre de la Terre, et cet aspect de Lune est identique pour les habitants de l'hémisphère terrestre qui ont la Lune au dessus de leur horizon.

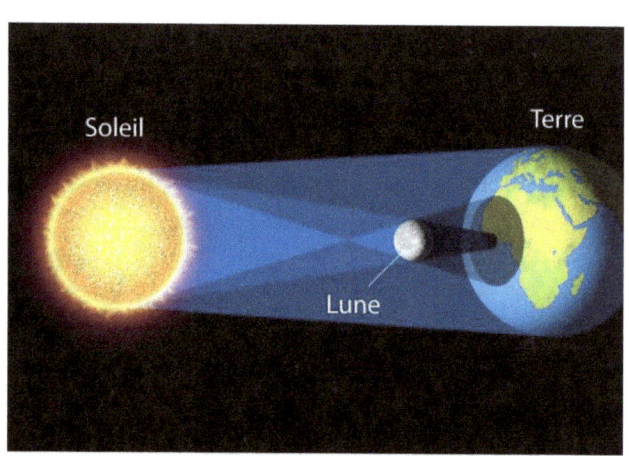

Infographie d'éclipse, source Pinterest

On comprend que le calcul d'une éclipse de la Lune présente beaucoup moins de complications que celui d'une éclipse solaire, puisque pour la Lune, on n'a qu'à indiquer les circonstances générales du phénomène, identiques pour tous les observateurs ; tandis que pour le Soleil, cette indication est loin de suffire, l'aspect de l'éclipse variant énormément suivant le lieu d'où on la contemple. Les Anciens prédisaient plus aisément les éclipses de Lune, en se basant sur une représentation quasi identique, tous les 18 ans 11 jours.

Maintenant, nous sommes en mesure de prédire avec exactitude, grâce à l'évolution des connaissances en astronomie, les éclipses lunaire mais aussi solaire, des années et même des siècles à l'avance. Et d'un point de vue historique, nous pouvons aussi calculer

Eclipse annulaire - Source: Trust My Science

les éclipses du passé.

Eclipse partielle - Source: Futura Science

Evolution de l'éclipse totale – Futura Science – Guillaume Cannat

Les éclipses de Soleil arrivent toujours à la nouvelle Lune, et les éclipses de Lune au moment de la pleine Lune. Cette circonstance a depuis longtemps, fait connaître la cause à laquelle elles sont dues.

Au moment de la nouvelle Lune, lorsqu'elle passe devant entre la Terre et le Soleil, elle enlève à notre regard une partie plus ou moins grande du Soleil. A la pleine Lune, au contraire, la Terre se trouvant entre le Soleil et la Lune, peut empêcher les rayons solaires d'arriver sur la surface de notre satellite naturel.

Si la Lune se trouvait sur le même plan orbital de la Terre, elle éclipserait le Soleil à chaque nouvelle Lune. Mais le plus souvent elle passe soit au-dessus soit en-dessous, et l'éclipse ne se produit pas. Pour la même raison, il n'y a pas d'éclipse lunaire à chaque pleine Lune.

Lorsque, au moment de la nouvelle Lune, celle-ci passe juste devant le Soleil, l'ombre qu'elle produit sur Terre produit une tache sombre, ovale, qui voyage sur différents pays, au gré de la rotation de la Terre et du mouvement orbital de la Lune. Tous les pays sur lesquels passe cette ombre, ont le Soleil plus ou moins masqué pendant un certain temps :

C'est l'*éclipse de Soleil*, *totale* si la Lune se trouve assez rapprochée de nous pour que son apparent soit égale à celui du Soleil ; *annulaire* si elle se trouve dans la région où son orbite est le plus éloigné, elle apparaît logiquement plus petite que le disque solaire, *partielle* si les centres de la Lune et du Soleil ne coïncident pas et si la Lune ne couvre qu'une partie du disque solaire. Une éclipse totale de Soleil est donc un évènement qui reste rare pour un lieu déterminé.

Examinons les détails de ces phénomènes, en commençant par les éclipses de Lune.

Éclipse de Lune

Bien que la Lune soit beaucoup plus petite que le Soleil, elle est aussi beaucoup plus proche, comme nous l'avons expliqué précédemment. Elle paraît donc, vue de la Terre, sensiblement de la même taille que le Soleil. Au gré des mouvements de chacun au sein du système solaire, l'un et l'autre jouent à se surpasser en grandeur apparente.

Constatons maintenant que la Terre projette derrière elle, à l'opposition du Soleil, un cône d'ombre dont la longueur varie entre 231 et 221 rayons terrestre, soit en moyenne 226 rayons de la Terre. Sur un rayon moyen de notre globe de 6371 km, le cône mesure donc environ 1 471 701 km. A la distance moyenne de la Lune, soit 384 400 km, l'ombre de la Terre est 2,7 fois plus large que la Lune. Quand notre compagne nocturne traverse cette ombre, elle peut s'y éclipser entièrement.

Au début d'une éclipse totale, comme montré sur l'image page suivante, on remarque un affaiblissement de la lumière du bord Est du globe lunaire, d'abord à peine visible, puis de plus en plus marqué. La Lune passe alors dans la pénombre. Puis une légère échancrure se forme sur le bord, et peu à peu elle envahie la partie lumineuse du disque, c'est l'ombre proprement dite. Le contour est circulaire, et c'est une des preuves que l'on a eues de la sphéricité de la Terre, n'en déplaise aux platistes, l'ombre ayant évidemment la même forme que le profil de l'objet qui la produit.

En général, l'ombre est d'abord gris-bleutée, et on distingue mal les détails de la partie éclipsée. Mais à mesure qu'elle envahit le disque lunaire, elle se colore d'une teinte rougeâtre, et en même temps les détails des taches principales deviennent plus facilement visibles. Dès que l'éclipse est totale, sa coloration rouge devient plus apparente sur l'ensemble du disque. Mais il y a souvent des variations dans la coloration d'une éclipse.

Eclipse de Lune

Après avoir traversé toute la largeur de l'ombre de la Terre, la Lune sort peu à peu, en offrant d'abord un croissant lumineux, qui s'élargit inévitablement.

Son mouvement propre autour de nous s'effectuant d'Ouest en Est (de droite à gauche donc), c'est par le côté gauche, donc oriental, qu'elle pénètre dans l'ombre.

La Lune ne cesse jamais d'être visible pendant les éclipses totales. La raison à cela se trouve dans la réfraction des rayons solaires qui, traversant les couches inférieures les plus denses de l'atmosphère terrestre, s'y réfractent en s'incurvant, et vont projeter sur la Lune les teintes pourpres d'un coucher de Soleil. Cette explication est due à Kepler, les rayons lumineux qui atteignent la Lune à l'intérieur de l'ombre théorique de la Terre ont parcouru longuement notre atmosphère. S'ils y rencontrent des nuages, ou encore des poussières volcaniques restées en suspension, l'éclairement de la Lune s'en trouve diminué. Voilà pourquoi on observe des éclipses dont la luminosité varie. Plus d'un an après l'éruption du Krakatoa en Indonésie, qui expulsa des poussières dans l'atmosphère jusqu'à 70 km du sol, la Lune complètement éclipsée le 4 octobre 1884 apparut comme un disque grisâtre, faiblement visible et comme nébuleux, bien que le ciel fût clair lors de l'observation en France.

Il faut aussi ajouter une précision. Nous parlions plus haut que les Anciens prédisait les éclipses suivant un cycle de 18 ans 11 jours. Ceci correspond au Saros, c'est à dire le temps au bout duquel les éclipses de Lune ou de Soleil seront quasiment les mêmes que la fois précédente.

Cette période correspond à 6 585,321 jours, soit 18 ans 11 jours 7h et 43 m. On peut en déterminer les 82 éclipses, débutant le 4 janvier 1639 et se terminant le 17 avril 3009 décrites ici :

- 14 éclipses partielles du 4 janvier 1639 au 26 mai 1873.

- 1 éclipse annulaire le 6 juin 1891.

- 41 éclipses totales du 29 juin 1927 au 9 septembre 2648.

- 20 éclipses partielles du 20 septembre 2666 au 17 avril 3009.

Donnons maintenant de plus amples détails sur les diverses phases d'une éclipse de Lune. Au début et à la fin de la pénombre, le disque de la Lune en touche le bord extérieur. Il peut arriver que dans l'intervalle, ce disque n'est pas atteint l'ombre proprement dite, et qu'il n'ait été recouvert que par la pénombre, partiellement ou en totalité. On dit alors qu'il s'est produit une *éclipse par la pénombre*.

Jusqu'au milieu du siècle dernier, les astronomes ne s'y intéressaient pas vraiment. Elles n'étaient même pas annoncées. Elles ont fait leur apparition dans la *Connaissance des Temps,* en 1951, parce qu'on a reconnu que leurs observations offraient un intérêt pour l'étude de l'atmosphère terrestre.

Si, au milieu de l'éclipse, le disque de la Lune s'immerge dans l'ombre de la Terre, on dit qu'il y a une *éclipse par l'ombre*. On la dit *partielle* si une partie du disque lunaire est recouverte par l'ombre, l'autre partie étant seulement dans la pénombre.

Elle est au contraire *totale* si, au milieu de l'éclipse, la Lune est entièrement immergée dans l'ombre. Bien entendu, dans ce cas, la phase totale est précédée et suivie d'une phase partielle.

Pour les astronomes de l'Antiquité, l'observation des éclipses étaient d'une importance fondamentale, en effet cela leur a permis d'avoir les premières notions précises sur le mouvement de la Lune. La prévision exactement vérifiée de ces phénomènes leur a donné confiance dans la science à ses débuts. De nos jours, le spectacle constitue encore une splendide leçon d'astronomie.

Éclipse du Soleil

De tous les phénomènes astronomiques, peu ont autant suscité l'intérêt et l'imagination humaine que les éclipses totales de Soleil. Quel spectacle étrange, en effet, que celui de la disparition de l'astre du jour ? En des temps anciens où l'humanité en ignorait les causes, un tel évènement était considéré comme surnaturel, et on y voyait une manifestation terrifiante de la colère divine. Depuis que les causes naturelles ont été découvertes et que ces phénomènes répondent à nos calculs avec une fidélité la plus obéissante, toute terreur a disparu des esprits, mais ce spectacle grandiose n'en demeure pas moins impressionnant pour l'observateur.

Eclipse totale 2017, USA

Au commencement, on voit le disque brillant du Soleil s'entamer vers l'occident et un segment noir s'avancer lentement, ronger le disque solaire, avancer toujours, jusqu'à ce que le disque soit réduit à la forme d'un fin croissant lumineux. Bientôt il ne reste plus qu'un arc étroit de lumière.

Le dernier rayon du jour s'éteint, et une obscurité fascinante et silencieuse apparaît en pleine journée. Les étoiles brillent dans le ciel, mais c'est un peu comme si la nature nous entourant restait elle aussi silencieuse devant ce spectacle extraordinaire.

La Terre reste parfois vaguement éclairée par une clarté rougeâtre, renvoyée des régions lointaines de l'atmosphère situées en dehors du cône d'ombre lunaire. Quelquefois, quand les conditions s'y prêtent, il est possible de voir briller, pendant l'éclipse, toutes les planètes et les étoiles de première et seconde grandeur qui se trouve au dessus de l'horizon.

Un autre spectacle peut être observé. La chromosphère peut également, sous couvert d'une observation protégée, apparaître. Les protubérances, ces flammes qui peuvent atteindre 900 000 km, qui s'échappent du Soleil offre un spectacle éblouissant.

Couronne Solaire

C'est la couronne, déjà observée dans l'antiquité, et décrite bien plus tard par Kepler lors de l'éclipse de 1605 à Naples, et par Cassini sur celle de 1706.

Une fois passées les joies du spectacle, au bord Ouest de la Lune, jaillira la lumière d'un mince croissant qui s'élargira rapidement, laissant place à un aspect naturel du jour.

La prédiction des éclipses du Soleil par le calcul a toujours passé pour plus difficile que celles de la Lune. Cette différence tient à ce que ces phénomènes ne sont pas de la même nature.

Lorsque la Lune est éclipsée, elle perd réellement de son éclat, et tous ceux qui sont alors au-dessus de leur horizon la voient pâlir en même temps.

Au cours d'une éclipse solaire, au contraire, le disque de la Lune vient faire écran devant celui du Soleil dont il dérobe une portion pour nos yeux. Et cette portion est plus au moins grande suivant le point terrestre d'observation. A un instant, certains verront le Soleil comme à son habitude, d'autres le verront plus ou moins échancré, tandis que les moins nombreux profiteront de l'éclipse totale ou annulaire, comme le laisse montré l'image ci-dessous, étude sur l'éclipse totale du 21 Août 2017 aux Etats-Unis.

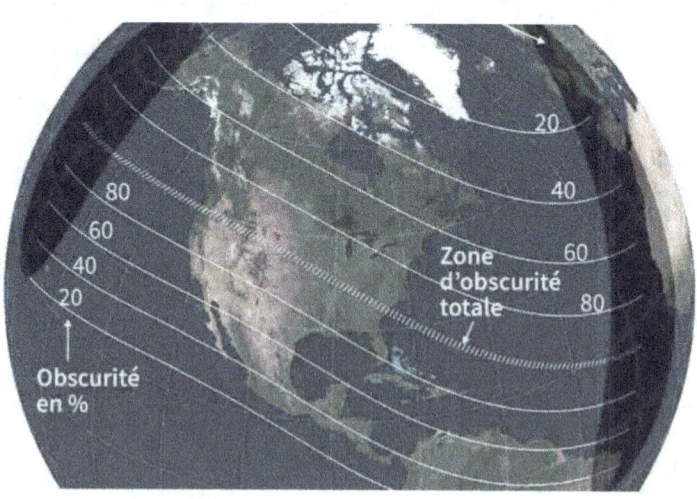

Eclipse - Vue d'obscurité

On comprend ici les différences d'obscurité à la surface de notre globe. La dimension de l'ombre fait entre quelques dizaines et à peine plus d'une centaine de kilomètres. La pénombre s'étend, elle, sur quelques milliers de kilomètres. Pour tous les observateurs situés en dehors des limites de la pénombre, aucun phénomène particulier n'apparaît. Le Soleil reste un disque comme à son habitude, et la Lune se montre juste proche de cet astre, mais pas vraiment visible car il reste obscur face à la lumière solaire.

Seuls les observateurs situés dans la pénombre voient le disque entamé mais jamais complètement.

Il s'agit d'une éclipse partielle, telle que nous avons pu la voir le 25 octobre 2022.

Image: Louis Rouxel

Et plus on s'avance dans la pénombre, et plus les observateurs voient un Soleil rétréci, jusqu'à entrer dans le cône d'ombre, lieu privilégié pour observer l'éclipse totale ou annulaire.

Eclipse annulaire 21 juin 2020. Image: Kévin Baird

Mais le spectacle de la phase centrale est fugitif, car le mouvement orbital de la Lune entraîne l'ombre à la surface de notre globe, plus rapidement que la rotation de la Terre n'entraîne l'observateur. La vitesse orbitale de la Lune est, en moyenne, de 1.02 m/s, tandis que la Terre à une moyenne de 29.7 km/s. L'ombre fuit donc rapidement vers l'Est.

On voit bien sur cette image prise depuis l'espace, l'ombre de la Lune projetée sur Terre lors de l'éclipse du 17 août 2017.

Ajoutons ici une illustration de *Numerama* de la portée d'ombre lors d'une éclipse :

Mais, quand s'agit-il d'une éclipse totale, ou annulaire ? Tout dépend du diamètre apparent des deux astres en jeu.

Le Soleil a un diamètre apparent qui varie entre 31`27`` et 32`32``, alors que celui de la Lune est de 31`36``. D'où cette conclusion remarquable que le disque lunaire est parfois plus grand, parfois plus petit que celui du Soleil, ce qui nous offre ce phénomène splendide.

Si au moment de la centralité d'une éclipse solaire les deux disques étant alors concentriques, le disque de la Lune déborde du Soleil, et l'éclipse est totale. Mais si le disque lunaire est plus petit, il reste entouré d'un anneau lumineux éblouissant, et l'obscurité est beaucoup moins prononcée. Peu de chance d'observer les protubérances, étoiles et autres planètes à proximité.

Sans insister sur la géométrie des éclipses, mentionnons, à l'intention des esprits curieux de précision, que dans une éclipse totale la surface du globe coupe le cône d'ombre de la Lune en avant de son sommet, lequel se formerait sous le sol terrestre. Alors que lors d'une éclipse annulaire, il le coupe au-delà de ce sommet. Dans ce second cas, il n'y a donc pas, à proprement parler, formation d'une ombre sur la surface de notre globe. Il existe toutefois dans le prolongement de ce cône, une petite région pour qui l'éclipse paraît annulaire, comme de tous les points de la tache d'ombre vraie, lorsqu'elle existe, on peut observer l'éclipse totale.

La région centrale, qui n'excède pas quelques centaines de kilomètres, se déplacent en balayant une longue bande de la surface du globe : *la zone de centralité*. Tout observateur situé dans cette zone verra à un moment donné la phase centrale, c'est-à-dire l'éclipse totale ou partielle, mais deux observateurs de cette zone distants d'un certains nombre de kilomètres ne la verront pas au même moment, l'éclipse se propageant vers l'Est.

Autour de cette zone de centralité, s'étend une région bien plus vaste, celle d'où il est possible de voir une éclipse partielle. C'est ainsi que nous avons accès, à chaque annonce d'éclipse, à une carte détaillant ces différentes zones, comme le montre la figure page suivante.

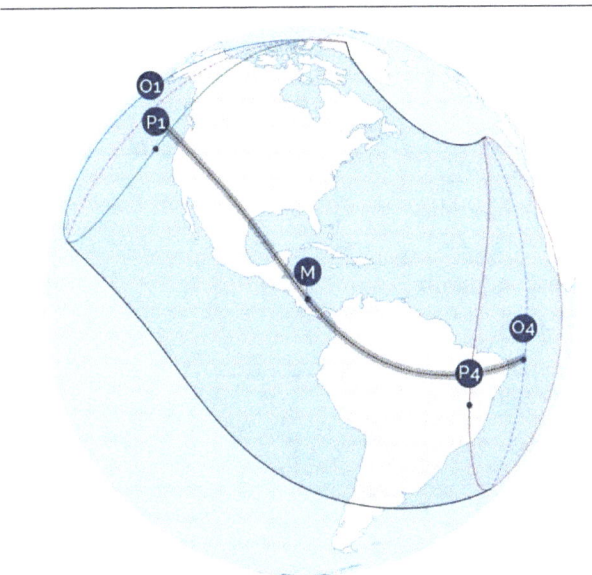

Voilà où se situera l'éclipse annulaire du 14 octobre 2023.

Cette carte est établie par l'IMCCE, l'Institut de Mécanique Céleste et de Calcul des Ephémérides, se trouvant dans les bâtiments de l'Observatoire de Paris PSL à Paris 14.

Il peut arriver que la Terre rencontre seulement la pénombre de la Lune, mais pas son ombre. Il n'y a alors pas d'éclipses totale ou annulaire pour aucun point sur Terre, mais seulement des éclipses partielles. Les éclipses de cette espèce intéressent presqu'uniquement les contrées des hautes latitudes boréales ou australes.

Les éclipses de Soleil se répètent à intervalle de 18 ans 11 jours 8h, comme les éclipses de Lune, et, comme ces dernières, pour des régions différentes du globe.

Voici un petit récapitulatif des éclipses à venir :

20 avril 2023 : éclipse hybride octobre 2023 : éclipse annulaire	14
8 avril 2024 : éclipse totale octobre 2024 : éclipse annulaire	2
29 mars 2025 : éclipse partielle septembre 2025 : éclipse partielle	21
17 février 2026 : éclipse annulaire août 2026 : éclipse totale	12
6 février 2027 : éclipse annulaire août 2027 : éclipse totale	2
26 janvier 2028 : éclipse annulaire juillet 2028 ; éclipse totale	22
14 janvier 2029 : éclipse partielle juin 2029 : éclipse partielle	12
11 juillet 2029 : éclipse partielle décembre 2029 : éclipse partielle	5
1 juin 2030 : éclipse annulaire novembre 2030 : éclipse totale	25

On notera que l'année 2029 offre 4 éclipses partielles la même année, mais aucune visible en France. Seule celle du 12 juin sera visible dans le Nord et l'Est de l'Europe.

Terminons ce chapitre en consacrant quelques lignes aux *occultations* d'étoiles par la Lune, dont la théorie rappelle sur divers points celle des éclipses solaires. Pour observer ces phénomènes, une paire de jumelles est largement suffisante pour l'essentielles des occultations. Fixée sur un trépied, l'image n'en sera que plus nette. Une Longue vue ou une lunette astronomique est plus intéressante.

On choisira aussi, dans la mesure du possible, une époque où la Lune en croissant se projette sur les champs stellaires de la Voie Lactée, un soir de printemps.

Si on a la chance que l'une des étoiles aperçue dans le champ soit proche du disque lunaire, et situé sur sa route, on verra la Lune s'en approcher et l'éclipser pendant un temps plus ou moins long. Rappelons que le mouvement orbital de la Lune est dirigé vers l'Est, c'est-à-dire vers la droite dans le champ d'une lunette astronomique, qui renvoie une image inversée.

Pendant la première moitié de la lunaison, la disparition de l'étoile, appelée aussi *immersion*, se produit en général au bord obscur du disque, rendu faiblement visible par la lumière cendrée, et la réapparition, *l'émersion*, a lieu au bord éclairé, donc du côté du croissant.

La latitude céleste de la Lune, c'est-à-dire la distance angulaire de son centre à l'écliptique, ne dépassant pas 5°18' on voit que, compte tenu de la parallaxe et du demi-diamètre apparent de la Lune, seulement les étoiles dont la latitude ne dépasse pas 6.5°, comme Aldébaran, les Pléiades, Regulus (Alpha Leonis), l'Epi de la Vierge, Antarès, peuvent être occultées. Mais aucune d'entre elle ne peut l'être à chaque lunaison, car le plan de l'orbite lunaire est mobile, et nous savons que ses nœuds rétrogradent rapidement dans l'écliptique. Une étoile ne peut être occultée que lorsque les nœuds occupent certaines positions déterminées.

Livre 3 : Le Soleil

Chapitre 1 : Le Gouverneur du Monde

Chacune des palpitations célestes de cet astre, qui nous fourni lumière et chaleur, envoie au loin, passant par notre Terre, et au-delà de Pluton, l'énergie sans laquelle tous ces astres constituant notre système solaire seraient figés, dans un froid éternel.

Cette énergie se précipite autour de lui dans l'espace avec une rapidité inouïe. En effet, 8 minutes suffisent pour que les rayons partant de la couche externe du Soleil nous parviennent, traversant les 150 millions de kilomètres (1 ua) à une vitesse proche des 300 000 km/s (c).

Il se situe dans la catégorie des étoiles moyennement massives. Il est une des étoiles de notre galaxie, la Voie Lactée. Cet astre qui nous fourni lumière et chaleur se situe à 28 000 années-lumière du centre galactique. Sa vitesse orbitale est de 230 km/s. Il fait le tour de la galaxie, en nous emmenant avec lui, en 250 millions d'années.

Ses caractéristiques dimensionnelles sont impressionnantes vues de la Terre. Son diamètre, 109 fois plus grand que notre belle planète bleue, mesure 1 393 384 km. Si on ramène cela à des échelles plus conventionnelles pour comprendre, le Soleil, mesurant alors 14 cm de diamètre, la Terre serait une sphère de 1.2 mm.

Pa comparaison, que nous détaillerons dans le prochain chapitre, Jupiter mesurerait alors 1.4 cm.

Son volume est donc tout au moins aussi impressionnant. Si on devait remplacer le Soleil par plein de Terre, il en faudrait 1 299 494. Presque 1.3 millions ! Avec ces caractéristiques difficilement appréhendables, le Soleil représente donc 99.8% de la masse totale de notre système solaire.

Le système solaire

On voit bien sur l'image ci-dessus la comparaison entre notre étoile, représentée à moitié, et les planètes du système solaire. Nous sommes en 4ᵉᵐᵉ position en partant de la gauche.

Une particularité, comme environ 1/3 des étoiles, fait que notre Soleil est seul. Les ¾ restants sont en système binaire, *les étoiles doubles* comme on les nomme souvent. Certaines se font plus d'un ami, et sont regroupé dans ce qu'on appelle les étoiles multiples. Le plus souvent trois, il arrive, comme Alcor et Mizar, situées dans la constellation de la grande Ours à environ 80 années-lumière, que des systèmes jusqu'à six étoiles, triplement binaire.

Neptune, la plus grande planète gazeuse de notre système solaire, aurait due être le binaire de notre Soleil. Mais n'étant pas assez massive pour enclencher le processus d'allumage de la fusion nucléaire, elle est restée à l'état de planète.

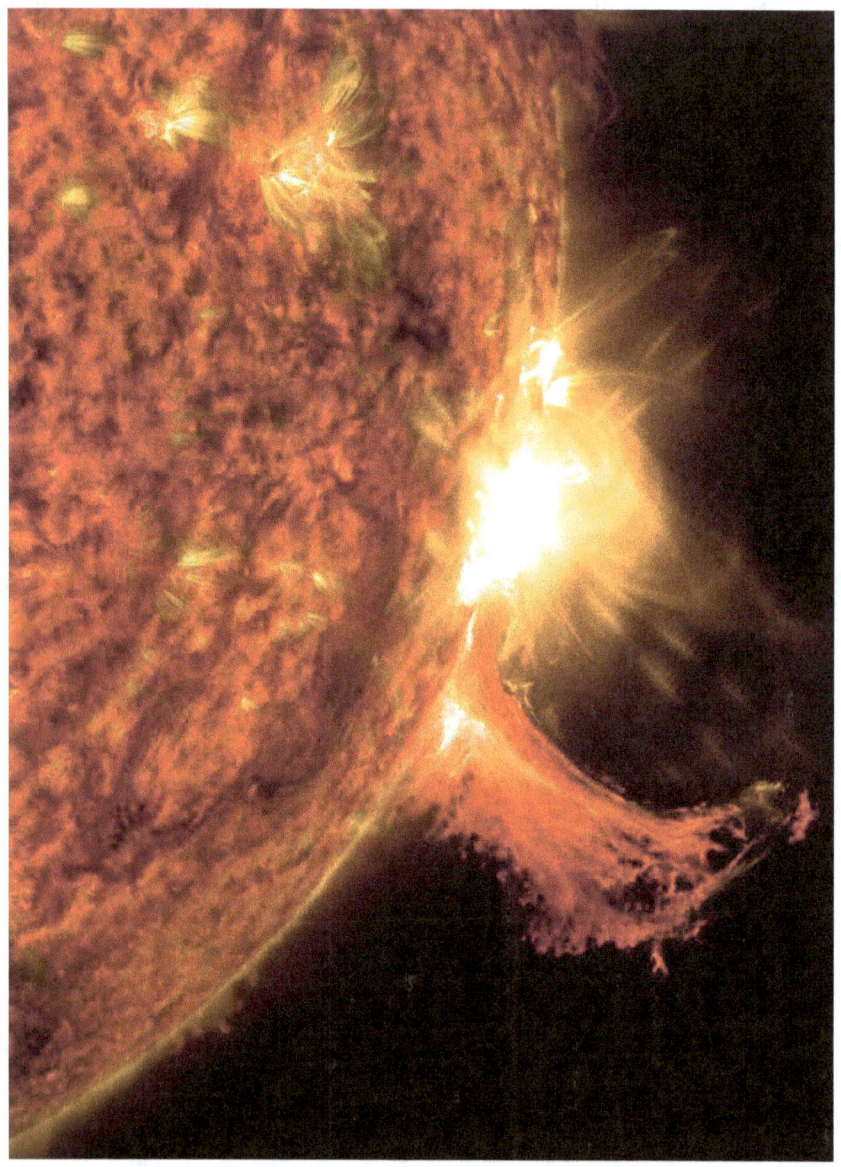

Eruption solaire

Le Soleil se compose d'un noyau, où la température atteint environ 150 millions de degrés. Il est le siège de production de la fusion nucléaire. C'est ce que tente de reproduire les visionnaires du monde comme ITER, en France, pour produire de l'énergie moins invasive vue de l'environnement.

L'énergie du noyau est projetée vers l'extérieur, traversant alors les zones radiatives et convectives.

La température de surface est d'environ 5 500°C. Cette différence de température nous gratifie d'un spectacle éblouissant, comme le montre l'image de la NASA/SDO, d'éruptions solaire, ci-dessus.

Chapitre 2 : Parlons mesures…

Il existe un premier étalon dans la mesure des distances dans l'Univers. La première, la plus ancienne, mais toujours utilisée aujourd'hui…. La distance Terre – Soleil, communément appelée *Unité Astronomique*, ou *ua* dans le système international.

Aristarque, en -300, constate que le diamètre apparent de la Lune peut se rapporter 3 fois dans le disque d'ombre, comme sur l'image de l'université Lyon-1 ci-dessous. Il tenta d'en déduire la distance nous séparant de la sphère solaire.

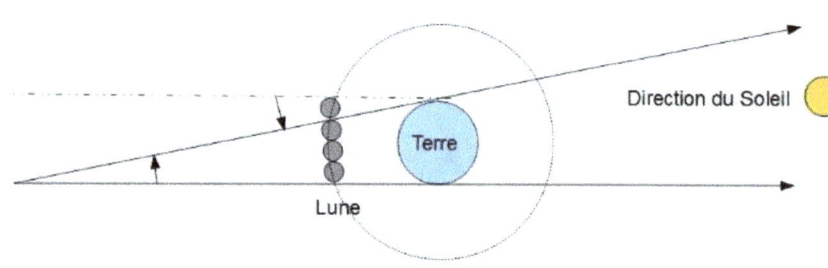

Distance Terre Lune par Aristarque

Nous pouvons au moins reconnaître, sinon saluer, la beauté de la tentative, même si le résultat est malheureusement faux. En effet, d'après ses calculs, la distance Terre – Soleil est 19 fois plus grande que la distance Terre – Lune. Les instruments récent place cet écart à 400, Aristarque s'est trompé d'un facteur 20… Mais la démarche reste louable.

Dans son ouvrage intitulé *Astronomia nova*, J. Kepler expose en 1609 les 3 lois qui portent désormais son nom. La première loi est la loi des orbites, la deuxième est celle des aires, la troisième sur les périodes. Il laissa néanmoins une carte du système solaire dont la seule donnée manquante était l'échelle.

Quelques années plus tard, en 1672, Jean-Dominique Cassini (1625 – 1712), Jean Picard (1620 – 1682) et Jean Richer (1630 – 1696) expriment pour la première fois la parallaxe horizontale de Mars, lorsque celle-ci est en opposition par rapport à la Terre. Le terme *opposition* désigne le moment où Mars est opposée au Soleil, vu de la Terre.

Entre les observations à Paris et Cayenne, et en épargnant une fois de plus les équations au lecteur, le résultat est loin d'être exagérer, puisque la distance trouvé entre la Terre et Mars est de 54 746 000 km à son périgée, la distance la plus faible entre ces deux planètes. Ils en déduisent donc, avec la troisième loi de Kepler, que la distance Terre – Soleil est de 144 000 000 km. Ce n'est vraiment pas loin des résultats actuels.

Sans toutefois entrer dans les détails, nous allons ici évoquer les différentes méthodes de la mesure Terre – Soleil.

La méthode Eros.

(433)Eros est un astéroïde du système solaire, découvert le 13 Août 1898. Il a une forme particulière, ressemblant à une cacahuète. Il a une période orbitale de 1,758 an, et une excentricité de 0.223. Eros passe à 23 millions de kilomètres de la Terre au plus près, ce qui rend la mesure de sa parallaxe deux fois plus précise qu'avec Mars. On trouve grâce à lui une distance de 150 200 000 km.

Eros, la cacahuète du système solaire

La méthode avec un radar.

La méthode moderne de l'écho radar sur Vénus, dont la réception se fait 276 secondes après l'émission, lorsqu'elle est en conjonction. Ce résultat donne 149 600 000 km. L'unité astronomique reconnue aujourd'hui est de 149 598 870 km.

La méthode avec Vénus.

Qu'il s'agisse du transit de Vénus, de la superposition de photos, le résultat obtenu en 2004 par le CLEA, le Comité de Liaison Enseignants et Astronomes, donne une valeur moyenne de 150 ± 8 millions de km.

L'histoire retiendra les mésaventures de Guillaume Joseph Hyacinthe Jean-Baptiste Le Gentil de la Galaisière, astronome français rendu célèbre par l'accumulation de malchance dont il a été victime lors du transit de Vénus en juin 1761. Bruce Benamran de la chaîne You Tube E-Penser 2.0 y a consacré un épisode.

La méthode par le spectre d'Arcturus.

Cette méthode est inspirée de la méthode décrite par D. Hoff, du Sky and Telescope en 1972. Arcturus est l'étoile la plus brillante de la constellation du Bouvier. Une des trois étoiles les plus brillantes du ciel nocturne, reconnaissable à sa couleur rougeâtre. On la repère en prolongeant la queue de la casserole de la Grande Ourse.

Arcturus

Cette méthode fait appelle à l'effet Doppler et la relation Doppler – Fizeau. Grâce aux spectres récoltés à six mois d'intervalle, l'un en bleu et l'autre en rouge, dans deux directions opposées.

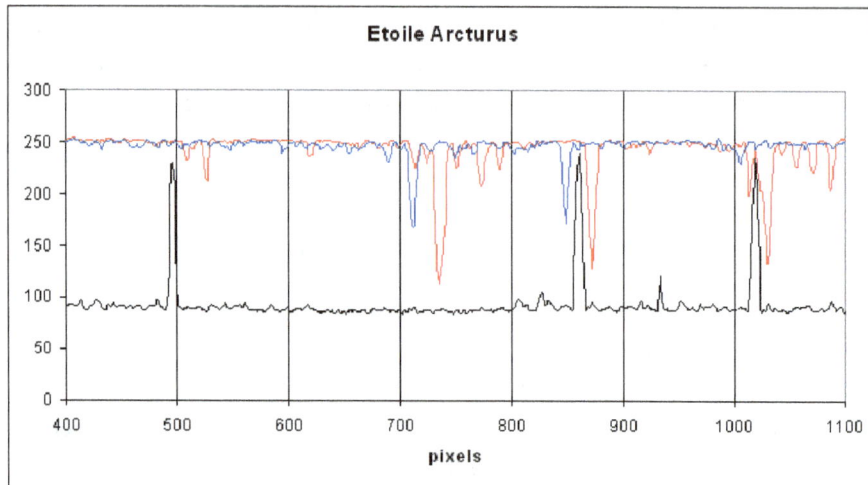

Spectre d'Arcturus

Et en utilisant ces raies de calibration, la distance obtenue est de 150 000 000 km.

Maintenant que nous connaissons la distance entre la Terre et le Soleil, intéressons nous à ses dimensions.

Avec l'aide du satellite *SoHo*, pour *Solar Heliospheric Observatory*, *Observatoire Solaire* et *Héliosphèrique* en français, nous avons pu déterminer précisément son rayon, grâce à l'observation des passages de Mercure devant le disque solaire, et la méthode des parallaxes. Les confirmations en 2003 et 2006 donnent un rayon solaire de 696 342 km, donc un rayon de 1 392 684 km.

Les proportions avec les autres planètes du système solaire sont les suivantes :

- Mercure : Le Soleil est 277 fois plus large. 21 millions de Mercure rentrent dans 1 Soleil.

- Vénus : Le Soleil est 115 fois plus large. 1.5 millions de Vénus rentrent dans 1 Soleil.

- Terre : Le Soleil est 109 fois plus large. 1.3 millions de Terre rentrent dans 1 Soleil.

- Mars : Le Soleil est 207 fois plus large. 7 millions de Mars rentrent dans 1 Soleil.

- Jupiter : Le Soleil est 11 fois plus large. 1000 Jupiter rentrent dans 1 Soleil.

- Saturne : Le Soleil est 12 fois plus large. 1600 Saturne rentrent dans 1 Soleil.

- Neptune : Le Soleil est 27.7 fois plus large. 21 000 Neptune rentrent dans 1 Soleil.

- Uranus : Le Soleil est 207 fois plus large. 7 millions de Mercure rentrent dans 1 Soleil.

- Pluton, connu mais plus une planète : Le Soleil est 585 fois plus large. 200 millions de Pluton rentre dans 1 Soleil.

Une autre comparaison, moins parlante, mais que nous reverrons plus tard, compare le Soleil à la plus grande étoile connue, *Stephenson 2-18*, située à 20 000 années-lumière. Elle est 2 150 fois plus large que le Soleil. 10 milliards de notre Soleil rentrent dans cette étoile.

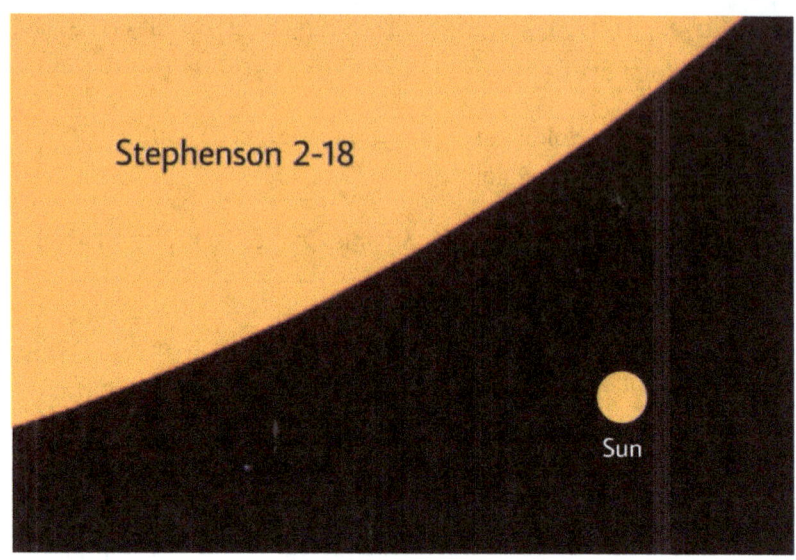

Soleil - Stephenson 2-18

Pour déterminer sa masse, une nouvelle fois la troisième loi de Kepler est utile. Mais la loi de la gravitation universelle de Newton permet également de faire les calculs. Et le résultat donne une masse solaire de 2.10^{30} Kg, soit l'équivalent de 330 000 fois la masse de la Terre.

L'étoile la plus massive, par contre, est *R136-a1*, étoile de type *Wolf-Rayet*, étoiles chaudes et massives, se situant dans la nébuleuse de la Tarentule.

Ré étalonnée il y a peu par les observations Gemini – Zorro, elle détient toutefois le record de l'étoile la plus massive connue de l'Univers observable, avec une masse comprise entre 170 et 230 fois la masse du Soleil.

L'étoile R136a1 – Gemini / Zorro

Chapitre 3 : La Physique du Soleil

Pourquoi le Soleil brille ? Son rayonnement est-il constant ? Quel âge a-t-il ?

Voilà les premières questions pour une entrée en matière concernant la physique solaire.

Nous commençons donc en douceur cette approche du Soleil. Depuis que les êtres vivants foulent le sol de notre planète, les journées sont rythmées par la succession jour / nuit. Mais pourquoi donc ce disque du ciel diurne semble nous éclairer et nous chauffer ?

Cette énergie dégagée se fait grâce à l'hydrogène et l'hélium que l'astre contient. Au cœur du Soleil, les noyaux d'hydrogène sont mis en mouvement, permettant des collisions suffisamment intenses pour déjouer les forces électrostatiques, et ainsi fusionner pour donner naissances aux atomes d'hélium.

Hors, la masse des atomes d'hélium n'est pas égale à la masse des atomes d'hydrogène qui entrent dans la réaction. Cette petite différence de masse est transformée en une énergie colossale selon la célèbre formule d'Einstein : $E = m.c^2$.

Le Soleil transforme donc, chaque seconde, 600 millions de tonnes d'hydrogène en hélium. Ce qui résulte de cette réaction est une énergie prenant forme en photons gamma. A noter qu'il faut près de 2 millions d'années à ces photons pour passer du cœur à la surface. Et heureusement ! Car au cours de leur voyage, ils entrent en collision, cédant une partie de leur énergie, les rendant, non plus invisibles et mortels, mais lumineux et visible. Ce sont les photons de lumière qui font briller le Soleil.

Les instruments GOLF, *Global Oscillations at Low Frequencies*, et MDI, *Michelson Doppler Imager*, du satellite SoHo, dont nous avons parlez dans le chapitre précédent, ont permis la mesure de la rotation du Soleil. Les observations, analysées par les chercheurs du service d'astrophysique du CEA (Commissariat à l'Energie Atomique), révèlent que l'intérieur du Soleil tourne à une vitesse constante, comme le ferait un solide.

Connaître les mouvements internes de gaz à l'intérieur des astres est une étape indispensable vers la compréhension des processus d'activité des étoiles. Pour le Soleil, les mouvements de surface sont mesurés depuis longtemps grâce aux tâches solaires. C'est ainsi qu'a été découverte à la surface une forte variation de la vitesse de rotation, avec une rotation en 27 jours à l'équateur et 34 jours aux pôles, dite rotation différentielle.

La sismologie depuis l'espace, permise par SoHo, et en réseau au sol GONG (regroupant des observatoires en Australie, Hawaï, Etats-Unis, Amérique Latine, Afrique de l'Ouest et en Inde) a permis une mesure de cette rotation à l'intérieur du Soleil.

Elle a montré que ces différences de vitesses sont maintenues dans la zone la plus extérieure du Soleil, région dite convective. Mais elles disparaissent brutalement dans une zone de transition appelée tachocline, région cruciale pour la génération du champ magnétique de surface du Soleil par l'effet dynamo.

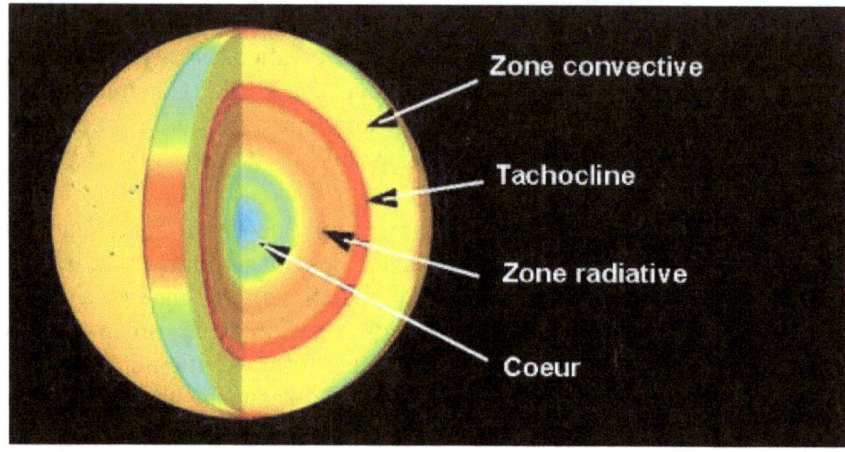

Intérieur du Soleil - Irfu CEA

Sur la question de son rayonnement, il va nous falloir aborder un sujet très utile en astrophysique, la *spectroscopie*. Cet outil essentiel permet de décrire les objets lointains émetteurs de lumière. C'est l'étude des rayonnements électromagnétiques qui nous arrivent du ciel et qui permet de décrire la constitution et l'évolution des astres. La plupart des télescopes sont équipés de spectrographes.

Au delà de la lumière visible, l'astronomie spatiale a ouvert les nouvelles fenêtres de l'infrarouge et de l'ultra-violet lointain, jusqu'aux rayons X. Depuis quelques décennies, l'instrumentation connaît des progrès fantastiques, portant notamment sur la sensibilité des récepteurs, tandis que l'expansion des moyens informatiques décuple la puissance de collecte et d'analyse des données. On dispose de spectres de plus en plus précis et complets pour des astres de plus en plus nombreux et éloignés.

L'interprétation des spectres astronomiques utilisent des modèles théoriques, fondés sur les lois de la physique : c'est le domaine de l'astrophysique, science fortement couplée aux progrès de la physique fondamentale (théories quantique, statistique, relativiste…) qui profite de la montée en puissance des simulations numériques.

A titre d'exemples préliminaires, rappelons brièvement comment un spectre est un indicateur de température, de composition chimique et de vitesse.

1) Un indicateur de température : On sait que la « couleur » de la lumière reçue d'une étoile révèle sa température extérieure, celle de son atmosphère. Une étoile plus chaude apparaît plus bleue. Ceci vient du fait qu'un milieu incandescent émet de la lumière à des longueurs d'onde d'autant plus courtes qu'il est chaud, c'est la loi du rayonnement thermique. A partir du spectre observé, on peut déduire une température effective de l'étoile. La détermination quantitative précise tient compte du « transfert » du rayonnement dans les différentes couches extérieures de l'étoile qui constituent son atmosphère, car les photons qui nous arrivent ont interagi avec la matière stellaire traversée. C'est en général un milieu gazeux, rarement immobile, souvent un plasma d'ions et d'électrons, dans lequel les photons peuvent être absorbés, diffusés et émis...

2) Un indicateur de composition chimique : Les longueurs d'ondes des raies spectrales sont caractéristiques de l'élément responsable de l'absorption ou de l'émission des photons. Des catalogues de données spectroscopiques ont été élaborés par l'analyse de spectres produits en laboratoire.

Ils permettent d'identifier l'origine des raies observées (en absorption ou en émission) dans les spectres astronomiques. L'hydrogène, principal composant du soleil, fut reconnu en 1862 par Anders Jonas Ångström (1814 – 1874) grâce à l'identification des fortes raies d'absorption observées par Joseph Von Fraunhofer (1787 – 1826) dès 1814. Leur interprétation atomique intervint ultérieurement, explication empirique de la série de Balmer en 1885, puis confirmation magistrale de la théorie quantique au début du 20ème siècle.

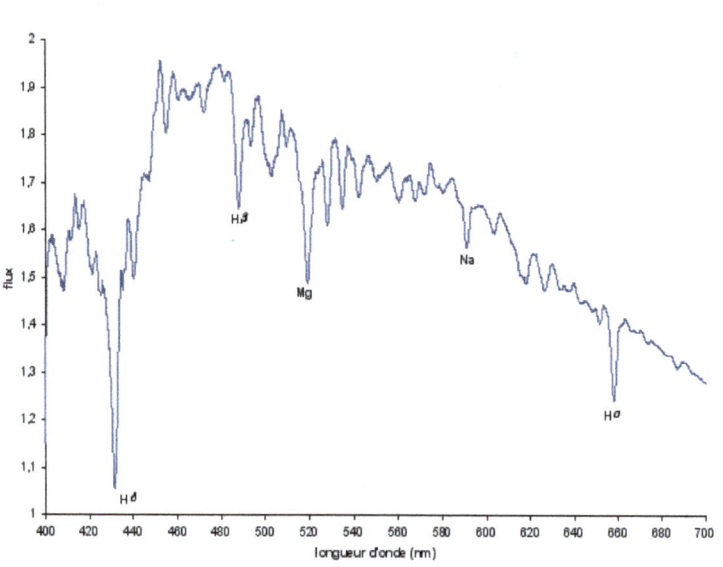

Spectre solaire - ENS Lyon

Actuellement la plupart des éléments chimiques présents sur terre sont aussi détectés dans le cosmos, sous forme d'atomes, d'ions ou de molécules. En mesurant l'intensité relative des raies caractéristiques des espèces détectées et avec l'appui de modèles théoriques, on peut déterminer la composition chimique de l'atmosphère de chaque étoile. On caractérise usuellement la concentration d'un élément dans le gaz stellaire par le rapport du nombre d'atomes ou ions de l'élément considéré au nombre d'hydrogène dans le même volume.

c) Un indicateur de vitesse : On utilise fréquemment l'effet Doppler pour mesurer des vitesses. Le décalage Doppler $\Delta\lambda$ des raies observées permet de déterminer la vitesse dite « radiale » d'un astre, c'est-à-dire la projection de sa vitesse d'éloignement sur la ligne de visée $v = c \, \Delta\lambda/\lambda$.

Moyennant des intermédiaires de modélisation, on peut aussi exploiter l'effet des décalages Doppler sur les profils observés des raies. On peut ainsi déterminer les vitesses de rotation propres des astres, les fréquences de pulsations des atmosphères. On peut aussi détecter les vents, turbulences et autres mouvements plus ou moins violents qui agitent les gaz du cosmos.

Le rayonnement solaire désigne donc l'ensemble des ondes électromagnétiques émises par le Soleil. Il se compose d'ultraviolets, de la lumière visible, ainsi que d'ondes radio, en plus des rayons cosmiques. Une partie de ce rayonnement arrive jusqu'à la Terre, en environ 8 minutes, où des ondes sont réfléchies par l'ionosphère (entre 60 et 1000 km d'altitude) et l'atmosphère, tandis que les autres arrivent jusqu'à la surface. Une fois arrivées, elles sont soit réfléchies de nouveau, provoquant une source de chaleur, soit absorbées par les organismes vivants, comme les végétaux pratiquant la photosynthèse.

Depuis plus d'un siècle, les astronomes ont constaté que le nombre de taches à la surface du disque solaire varie de façon périodique, passant par un maximum environ tous les onze ans. Il s'agit là du cycle d'activité solaire.

Au moment du maximum d'activité solaire, on observe une augmentation du nombre de taches, des régions actives et de leurs manifestations dans l'atmosphère, une diminution de l'étendue des trous coronaux : l'activité solaire devient maximale.

Au maximum du cycle, la fréquence des éruptions solaires est relativement importante, plusieurs par jour, tandis que leur nombre est très faible voire nul lors des années de minimum de cycle.

Le père Christoph Scheiner (1575 – 1650) et Galilée furent les premiers à observer efficacement ces tâches vers 1610. Elles apparaissent, restent quelques jours, voir quelques semaines, puis s'évanouissent. Leur mouvement régulier a permis d'interpréter ce phénomène comme résultant de la rotation solaire. Ils ont aussi mis en évidence la périodicité de ces cycles, appelés cycles undécennal, c'est-à-dire tous les 11 ans.

Mais d'autres cycles pourraient se superposer. D'un cycle undécennal à l'autre, les maxima ne représentent pas les mêmes intensités. Des périodes de grand minima sont également présentes, couvrant plusieurs cycles solaires.

Edward Walter Maunder (1851 – 1928), faisant suite des travaux de Gustav Spörer (1822 – 1895), publie son étude sur la période de minima en 1893, qui porte désormais son nom.

Le météorologue anglais John Dalton démontre la relation entre une faible activité solaire et une baisse de température moyenne.

La figure ci-après montre les cycles de 11 ans, en bleus, avec les minimums de Maunder et de Dalton.

A noter également un cycle à son maximum au milieu du 20ème siècle.

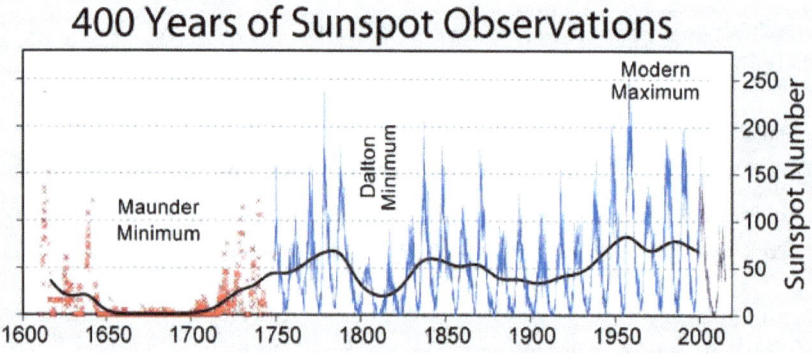

Credits: Robert A. Rohde; Global Warming Art Project

Le cycle de Gleißberg correspondrait ainsi à une modulation de l'intensité des maxima du cycle de 11 ans. Ce cycle aurait une période comprise entre 70 et 100 ans. Seuls trois cycles de Gleißberg ayant été observés depuis le début du comptage systématique des taches solaires, ce cycle reste très mal connu. Il reste malgré tout fondamental pour comprendre la dynamique du Soleil.

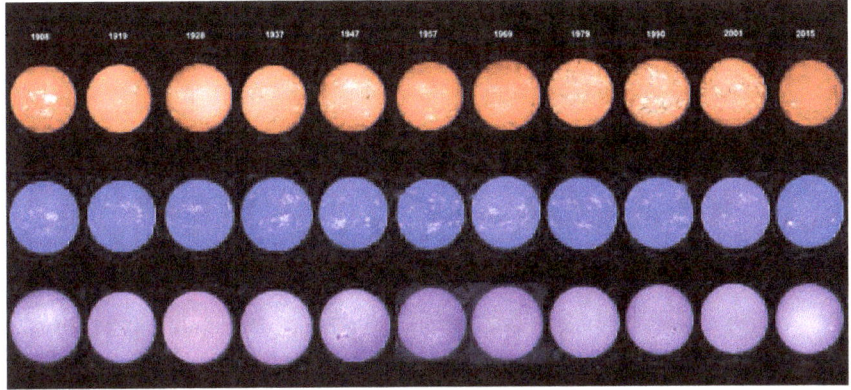

Les 10 cycles d'activités du spectrohéliographe de Meudon

Avec plus de 110 ans d'existence, le service du spectrohéliographe de l'observatoire de Meudon possède une collection quasi unique au monde pour étudier les variations à long termes du cycle solaire.

Les perturbations ionosphériques et géomagnétiques, qui entravent la précision des applications GNSS (GPS), qui provoquent des pannes de satellites ou du réseau électrique se manifestent pendant les piques d'activités.

Il existe un classement, tout comme pour les tremblements de Terre, des variations du champ magnétique. Cette échelle, d'*indice Kp*, comporte 10 échelons :

Indice	Signification
0, 1, 2	calme
3	instable (*unsettled*)
4	actif (*active*)
5	petite tempête (*minor storm*)
6	tempête modérée (*moderate storm*)
7	forte tempête (*major storm*)
8, 9	grave tempête (*severe storm*)

Lorsque l'indice Kp atteint 5, il s'agit d'une tempête géomagnétique.

Les fluctuations du champ magnétique terrestre, autre conséquence de l'activité du Soleil, nous gratifie d'un magnifique phénomène lumineux, coloré, qui se produit régulièrement dans le ciel nocturne de l'hémisphère Nord, les aurores boréales ; aurores australes dans l'hémisphère Sud.

Elles se manifestent près des pôles magnétiques. Elles se forment lorsqu'il y a collision entre les particules chargées, arrivants du Soleil, et les gaz se trouvant dans l'atmosphère.

C'est le champ magnétique, comme montré figure page suivante, qui guide les particules chargées vers les pôles. En effet, la forme du champ magnétique de la Terre crée deux ovales auroraux au-dessus des pôles magnétiques Nord et Sud. Elles se produisent principalement d'Août à Mai.

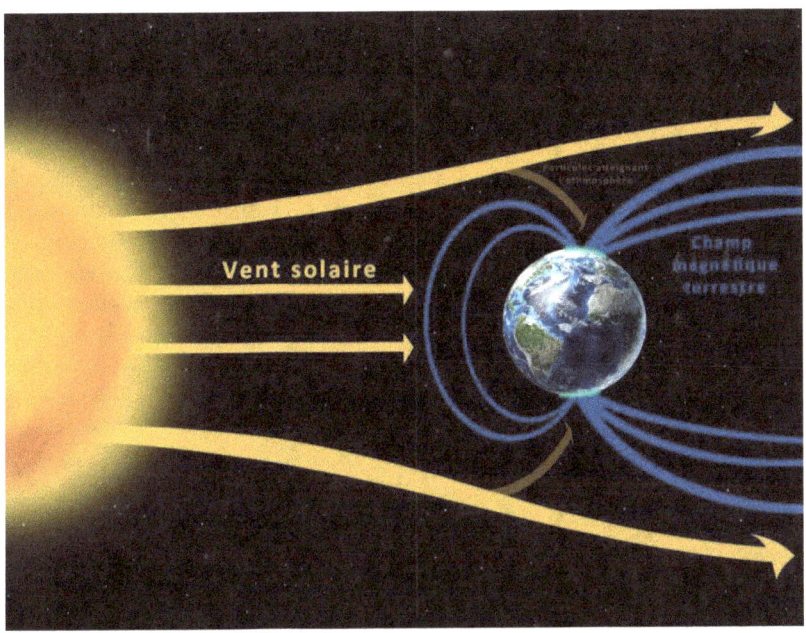

Champ magnétique terrestre

Il faut donc, pour profiter d'un spectacle encore plus beau, partir observer les aurores lorsque le l'activité du Soleil est à son maximum. Mais il arrive aussi, en raison des vents solaires intenses, que les lignes de champ magnétique se rejoignent du côté de la Terre opposé au Soleil. Puis, tel un élastique, elles reprennent brusquement leur forme originale, renvoyant une grande quantité d'énergie vers les pôles. Ce phénomène, la *reconnexion magnétique*, crée les aurores exceptionnelles.

Aurores boréales

Le Soleil se révèle encore à nous sous un aspect nouveau et inattendu lors des éclipses totales. Lorsque la Lune masque entièrement le disque solaire, on peut y voir une sorte d'atmosphère, invisible en temps normaux. La partie basse, de couleur écarlate, de structure dentelée, est la *chromosphère*.

C'est une partie qui s'étend de 500 à 2000 km d'altitude. Visible comme un fin liseré rougeâtre autour du Soleil. L'observation se fait à l'aide de filtre centré sur la raie de l'hydrogène, (à 636.5nm), coupant l'intense lumière de la photosphère.

La particularité de la chromosphère est que la température augmente avec l'altitude, passant de 4200K à près de 10 000K. Cet accroissement de la température avec la distance au Soleil reste pour l'instant un mystère.

En continuant à nous éloigner du Soleil nous atteignons la limite externe de la chromosphère, à quelques milliers de kilomètres de la surface. Après cette limite, la température se met soudain à augmenter de manière vertigineuse pour atteindre très rapidement quelques centaines de milliers de   degrés : nous sommes entrés dans la *couronne solaire*.

Cette région s'étend sur des millions de kilomètres et est très variable. Elle est encore moins dense que la précédente, de l'ordre d'un dix-milliardième de la densité de la photosphère. Sa température est extrême et atteint jusqu'à quelques millions de degrés.

Chromosphère et protubérances - Image Luc Viatour, 1999

L'un des phénomènes les plus spectaculaires au niveau de la couronne est la formation de *protubérances*. Il s'agit de gigantesques colonnes de gaz moins chaud mais plus dense que celui de la couronne, qui naissent près de la surface et peuvent s'étendre sur des centaines de milliers de kilomètres.

Certaines protubérances qualifiées de quiescentes prennent une forme d'arche et peuvent subsister pendant plusieurs mois. D'autres, qualifiées d'éruptives, sont plutôt verticales et évoluent rapidement en quelques minutes.

Les protubérances sont observables soit au-delà du disque solaire, sous forme de longues flammes brillantes, soit sur le disque, où elles apparaissent très sombres par contraste avec le fond brillant et on les appelle alors aussi des filaments.

Ces trois caractéristiques seront détaillées plus en détails dans les chapitres suivants.

Chapitre 4 : La Photosphère

Observé en lumière blanche, le Soleil paraît avoir un bord absolument net, une surface bien définie. Cette surface apparente de l'astre est la *photosphère*. C'est elle qui émet dans l'espace le torrent d'énergie dont une faible part arrive sur Terre, nous apportant chaleur et vie.

Il nous faut maintenant essayer d'évaluer cette énergie solaire. Nous pouvons la mesurer par la quantité de chaleur reçue en une seconde sur une surface d'un mètre carré, située à 1 ua, exposée perpendiculairement aux rayons du Soleil en l'absence d'atmosphère. Cette grandeur fondamentale se nomme Constante solaire, ou Irradiance solaire.

La première détermination sérieuse de la constante solaire date de 1838 et revient à Claude Pouillet (1790 – 1868) qui l'estime à 1 228 W.m^{-2} (Watt par m^2).

Cette valeur, pourtant proche de la réalité, est remise en question en 1881 par Samuel Pierpont Langley (1834 – 1906) qui trouve une constante égale à 2 140 W.m^{-2} à la suite d'une expédition au sommet du mont Whitney (4 420 m). Cette valeur fera référence pendant plus de 20 ans.

Il aura fallu attendre la mise en orbite de radiomètres modernes pour affiner cette mesure. En 1978, le radiomètre HF sur le satellite *Nimbus 7* annonce une valeur de 1 372 W.m^{-2}. Cette valeur est rapidement corrigée à 1 367 W.m^{-2} par *ACRIM I* sur *SMM*.

Plus récemment, VIRGO sur SoHo ramène cette valeur à 1 365,4 ± 1,3 W.m^{-2} en 1998. La valeur admise depuis 2008 est égale à 1 360,8 ± 0,5 W m^{-2}.

Mais ce n'est là qu'une infime partie de toute l'énergie émise par le Soleil. La mesure de la puissance émise par un centimètre carré de surface solaire nous donne, semble-t-il, un moyen de déterminer la température de cette surface. En effet, l'expérience a montré qu'un corps émet d'autant plus de lumière qu'il est chaud. C'est le rayonnement. Le filament des anciennes lampes à incandescence porté par le courant à 2000°C est beaucoup plus brillant qu'un four chauffé à 500 ou 600°C.

Non seulement l'émission totale varie avec la température, mais la couleur du rayonnement varie elle aussi, autrement dit sa longueur d'onde change. Un four à 600°C émet surtout dans l'infrarouge et un peu dans le rouge. Lorsque la température augmente, la proportion de lumière visible augmente, le rouge devient plus clair, puis orange avant d'atteindre le blanc.

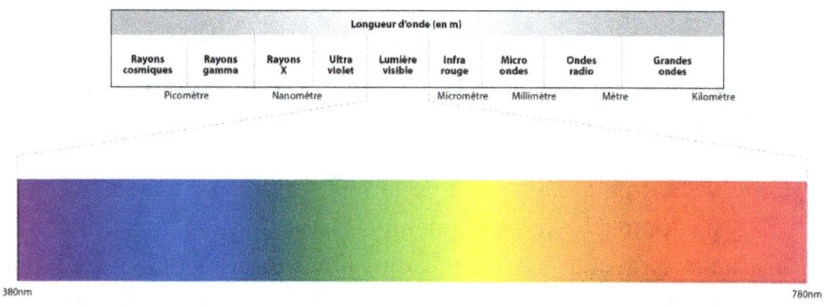

Spectre de lumière

Il y a donc une relation entre la température d'un *radiateur* et la puissance totale qu'il émet, ainsi que la manière dont cette puissance se répartit entre les diverses longueurs d'onde, en particulier là où le rayonnement est à son maximum.

La branche de la physique qui étudie les propriétés liées à la température des corps et aux échanges d'énergie (chaleur, rayonnement) s'appelle la thermodynamique. Et l'étude de ces rayonnements commence avec l'analyse spectrale d'un corps noir.

Un corps noir est un objet idéal qui absorberait parfaitement toute l'énergie électromagnétique qu'il reçoit, sans en réfléchir ni en transmettre. Un four uniformément chauffé peut s'approcher de cet objet parfait, mais théorique. Une fois chauffé, il émet un rayonnement caractérisé par sa température.

Le nombre de photons produits en fonction de leur longueur d'onde est une fonction en forme de cloche. Le pic de ce rayonnement est directement lié à sa température par la loi de Wien, nommée ainsi d'après son découvreur, Wilhelm Wien (1864 – 1928).

Historiquement, la loi de Rayleigh-Jeans fonctionnait pour les grandes longueurs d'onde (basse fréquence) mais pas du tout pour les petites longueurs d'onde, donnant des résultats de rayonnement quasi infini.

La loi de Wien correspond, elle, aux longueurs d'ondes plus petites (haute fréquence). Il aura fallu attendre la découverte de Max (Karl Ernst Ludwig) Planck (1858 – 1947) à la fin du XIXème siècle de la loi de rayonnement du corps noir.

Elle relie l'énergie rayonnée par unité de volume μ (ou le nombre de photon par unité de volume à la fréquence ν) des photons pour un corps noir d'une température T. Elle est historiquement importante car la compréhension physique de la partie des courtes longueurs d'onde a requis l'ajout d'un concept fondamental en physique, le quantum d'énergie, qui sera développé ultérieurement pour la mécanique quantique.

Pour satisfaire la curiosité des lecteurs motivés, voici la loi de Planck, si cela vous paraît abstrait, sachez que ce n'est pas incompatible avec la compréhension :

$$u(\nu) = \frac{2h\nu^3}{c^2} \frac{1}{\exp(\frac{h\nu}{k_B T}) - 1}$$

Où c est la vitesse de la lumière (~300 000 km/s), h la constante de Planck (6.6 x 10^{-34} J.s) et k_b la constante de Boltzmann (1.38 x 10^{-23} J/K).

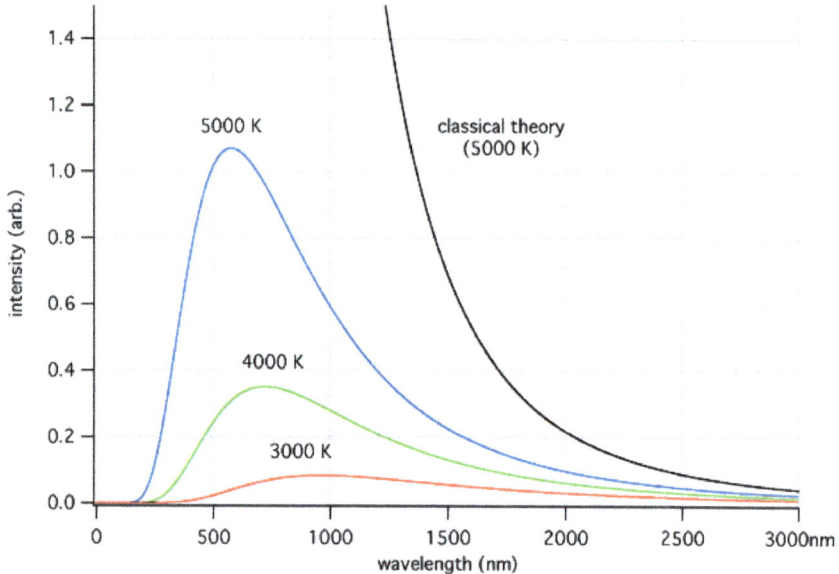

Courbe de luminosité d'un corps noir – Source Wikipédia

La mesure de la puissance rayonnée par un corps noir, comme le Soleil (qui n'émet que rayonnement et chaleur) fourni donc un moyen de mesurer sa température. Dès 1906, Gaston Millochau (1866 – 1922) mesure cette température à l'aide du télescope pyrhéliométrique conçu par Charles Féry (1865 – 1935), avec une précision remarquable, la mesure indiquant 5663° absolus, soit environ 5400°. Une erreur de seulement 2% !

Il est intéressant de noter que ce télescope pyrhéliométrique a été retrouvé sur une étagère de l'école supérieure de physique et de chimie industrielles (ESPCI) en Mars 2017.

Il ressemble à un télescope d'environ un mètre de long, douze centimètres de diamètre. Mais ce n'était pas la première fois qu'une telle mesure était effectuée. L'histoire de l'actinométrie solaire (l'étude des rayonnements issus du Soleil) était même déjà assez longue, mais les mesures restaient peu précises.

Aux expériences rudimentaires d'Isaac Newton (il avait estimé la chaleur reçue du Soleil à partir d'une température mesurée à l'aide de thermomètres glissés sous une couche de terre sèche exposée au Soleil) avaient succédé les travaux du Genevois Horace-Bénédict de Saussure en 1767, puis ceux de l'Anglais John Herschel (1792 – 1871) en 1824. Ces travaux reposaient sur un principe calorimétrique : un corps très absorbant, de capacité thermique connue, recueillait le rayonnement. En mesurant 'élévation de sa température, on en déduisait l'énergie reçue.

Puis un procédé plus performant dit de compensation, fondé sur l'utilisation d'un thermocouple, avait peu à peu remplacé cette méthode. Un thermocouple (ou couple thermoélectrique) est un circuit conducteur constitué de deux métaux différents reliés par deux soudures. Si l'une des soudures est portée à une température différente de l'autre, il apparaît une différence de potentiel dans le circuit, et donc un courant. Ce phénomène, découvert en 1821 par le physicien allemand Thomas Seebeck, est utilisé pour mesurer des températures. En pratique, on porte une soudure à la température à mesurer, tandis que les deux autres extrémités des métaux sont reliées aux fils d'un voltmètre et portées à une même température de référence.

En 1893, s'appuyant sur ce phénomène, le physicien suédois Knut Ångström avait construit un « pyrhéliomètre électrique à compensation » pour mesurer la température de la surface solaire : l'une des soudures était exposée au Soleil, ce qui produisait un courant électrique, tandis que la seconde était parcourue par un courant dont on faisait varier l'intensité, ce qui avait pour effet de chauffer la soudure (par effet Joule).

Ångström cherchait alors à équilibrer les deux courants pour que les deux soudures reçoivent la même énergie. Un an plus tard, s'inspirant des travaux d'Ångström, l'astronome irlandais William Wilson et son confrère britannique Peter Gray avaient mis au point une version plus performante encore de l'appareil, où la seconde soudure était exposée au rayonnement d'une source thermique artificielle d'intensité connue.

Wilson avait aussi appliqué à leurs mesures une loi découverte expérimentalement quelques années plus tôt, en 1879, par le physicien slovène Jožef Stefan et justifiée en 1884 par Ludwig Boltzmann dans le cadre de la thermodynamique : la loi de Stefan-Boltzmann.

Cette loi établit que la puissance totale rayonnée par un corps noir de température absolue T est proportionnelle à T4. Un corps noir est un objet physique idéal qui absorbe tout le rayonnement électromagnétique qu'il reçoit, sans en réfléchir ni en transmettre.

À l'équilibre, il rayonne : sa température ne reste constante et uniforme que si toute l'énergie qu'il absorbe est réémise. Or le Soleil, comme toutes les étoiles, est une bonne approximation d'un corps noir. Grâce à la loi de Stefan-Boltzmann, Wilson était donc capable de déduire la température du Soleil de l'énergie mesurée avec son appareil.

En toute rigueur, cependant, la température obtenue avec cette méthode est dite apparente: c'est celle qu'aurait un corps noir placé à la même distance que le Soleil, de même diamètre apparent et produisant un rayonnement de même intensité. Wilson n'évaluait pas, notamment, l'effet de l'absorption dû aux atmosphères de la Terre et du Soleil. Il avait donc obtenu une série de valeurs assez dispersées, allant de 5773 à 6863 kelvins.

L'instrument de Féry et Millochau apporta alors une importante brique à l'édifice. Inspiré tant des rapides progrès instrumentaux que des dernières avancées théoriques, il fournit en 1906 une mesure bien plus précise de la température de la surface solaire.

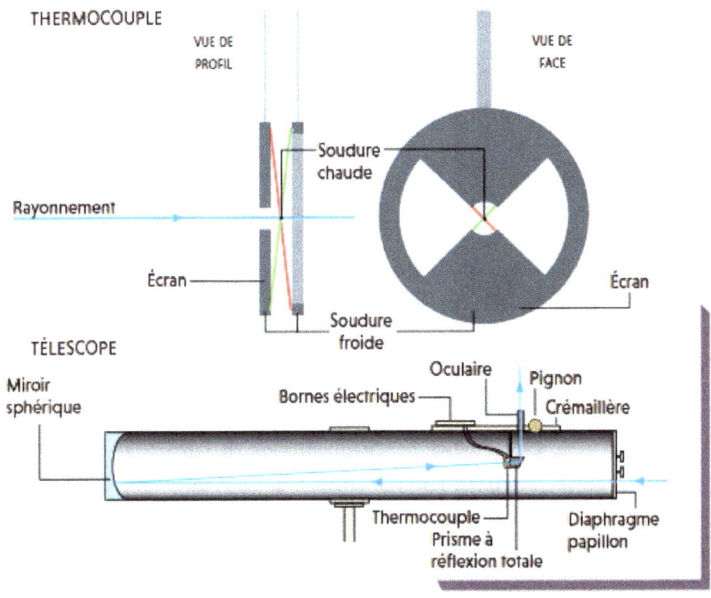

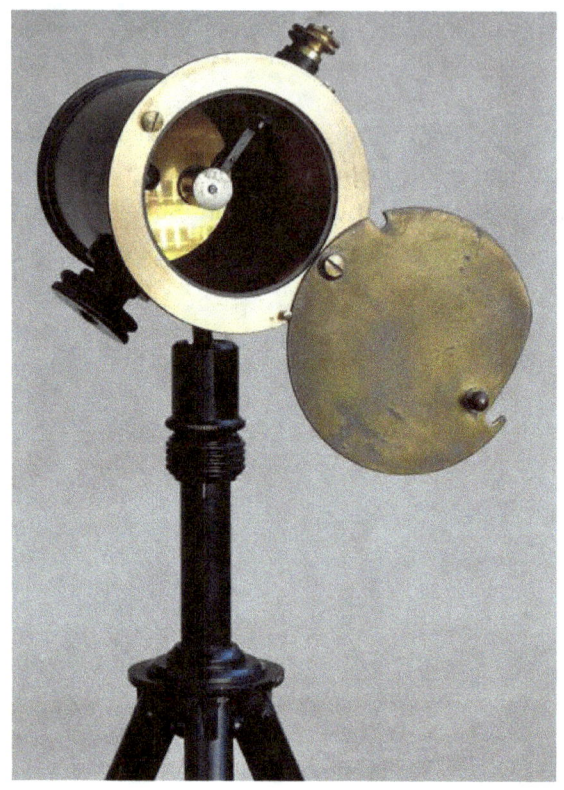

Le pyrhéliomètre de Charles Féry (ci-dessus après restauration) est un télescope Newton de 103 mm de diamètre et de 800 mm de focale. Au foyer du miroir se trouve un thermocouple constitué de deux fils très fins de deux métaux ayant un fort pouvoir thermoélectrique, le fer et le constantan, un alliage de nickel et de cuivre. La jonction entre les deux fils constitue la soudure chaude du thermocouple. Le corps du télescope forme la soudure froide. Un prisme à réflexion totale placé derrière le thermocouple renvoie le faisceau dans un oculaire latéral fixé sur une glissière à molette. Une fois le pointage et la mise au point effectués, on y observe la superposition de la soudure chaude du thermocouple (de diamètre 0,5 mm), et de l'image du Soleil (8mm).

Là où les précédents actinomètres recueillaient passivement les rayons du Soleil, mesurant des valeurs moyennées sur l'ensemble de la surface solaire, le pyrhéliomètre Féry focalise donc ces rayons, permettant ainsi jusqu'à 16 points de mesure de la température le long d'un diamètre solaire.

Enfin, le courant produit par le thermocouple est mesuré avec un galvanomètre de grande précision. Pour éviter un échauffement et donc un courant trop élevés, le télescope est muni d'un diaphragme en forme de papillon qui limite la fraction du rayonnement solaire atteignant le thermocouple.

Mais revenons au corps noir, sa brillance émise dans un intervalle de longueur d'onde, dite brillance monochromatique, est donnée par la loi de Planck. Cette affirmation d'apparence anodine cache une des plus prodigieuses révolutions de la physique.

Pour expliquer la variation de la brillance monochromatique avec la longueur d'onde, approuvée par l'expérience, Planck, qui était non-atomiste au début (on peut toujours coupé quelque chose, même une particule élémentaire) fut obligé d'admettre que l'énergie lumineuse d'une fréquence donnée ne peut apparaître en quantité quelconque, mais qu'elle est toujours multiple d'un certains nombre entier de « paquets », appelés *quantum d'énergie*. Autrement dit, il existe des « grains » indivisibles de lumière : les *photons*. L'énergie transportée par un photon, associé à la lumière de fréquence ν est égale au produit h_ν, h étant la constante universelle nommée *constante de Planck*. Elle vaut environ 6,626 x 10^{-34} Joules seconde. A noter qu'en physique quantique, on utilise souvent la constante de Planck réduite noté h barre qui vaut : $\hbar / 2\pi$.

Si nous appliquons la loi de Stefan-Boltzmann, qui est une application de la loi de Planck, au radiateur solaire qui émet un flux de 6,2kW, nous lui trouvons une température de 5436°C. Cette température est dite *effective* de la photosphère. Si celle-ci était un corps noir, on aurait la véritable mesure de sa température. Mais, la surface solaire ne peut pas totalement se comparer à un corps noir idéal.

Tout d'abord, la répartition selon les longueurs d'onde du flux d'énergie photosphérique ne se conforme pas à la loi de Planck. Certaines régions spectrales, comme le bleu, y sont anormalement intense, d'autres sont défavorisées, l'ultraviolet et l'infrarouge par exemple, à partir de 2 microns.

D'autre part, un élément de la surface d'un corps noir émet exactement la même lumière dans toutes les directions. Or, nous avons la possibilité d'observer le rayonnement de la photosphère sous tous les angles: puisque le Soleil est une sphère, nous voyons sa surface normalement lorsque nous regardons au centre du disque apparent, mais avec une certaine tangente lorsque nous regardons le bord (voir figure ci-dessous). Un corps noir sphérique apparaît au contraire comme un disque uniforme.

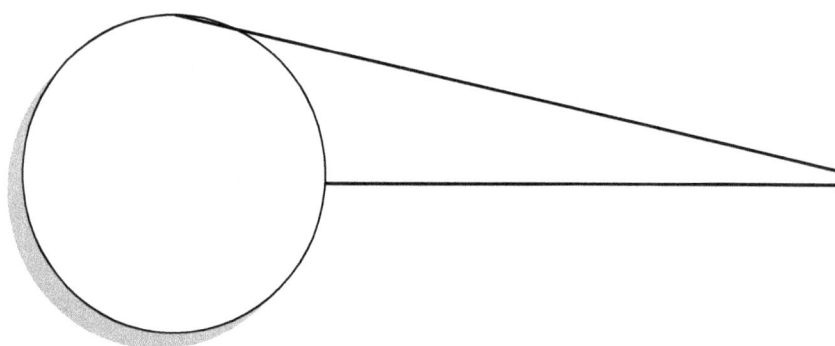

Ainsi la photosphère n'est pas un corps noir parfait, et sa température effective n'est, au mieux, qu'un ordre de grandeur de sa température réelle. Cependant, cette indication nous suffit pour affirmer que cette région superficielle du Soleil est à l'état gazeux, épaisse d'environ 400 kilomètres.

Nous avons étudié la surface du Soleil, en le considérant comme un simple « four ». Nous lui avons appliqué les lois de Stefan-Boltzmann et de Planck, et nous avons trouvé sa température. Revenons à l'astronomie descriptive, mais avant rendons hommage à l'astronome et physicien Charles Greeley Abbot (1872 – 1973), qui fut le premier à mesurer avec précision la constante solaire, l'assombrissement du bord et la répartition spectrale du rayonnement photosphérique. Il eut d'ailleurs le prix Rumford en 1915 pour ses travaux.

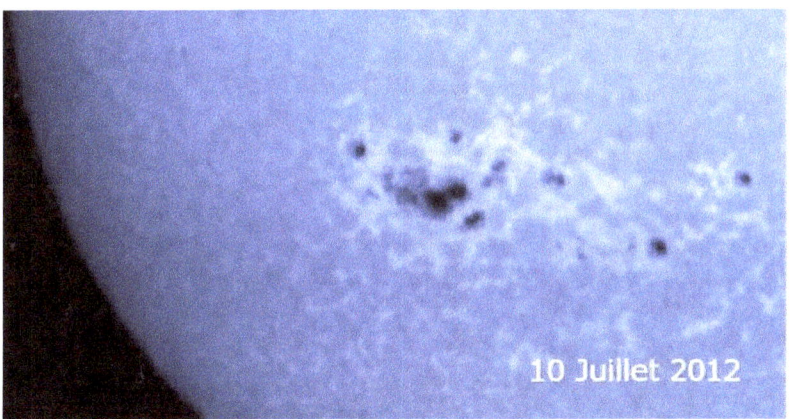

Spectrohéliographe de Meudon montrant les tâches solaire. Obspm.fr

Les plus remarquables phénomènes visibles sur la photosphère sont les *taches*. On peut les apercevoir régulièrement. La plus grande enregistrée jusqu'à maintenant se nomme AR – 12192. Elle est apparue en 2014, et sa dimension maximale a atteint 2750 MH (Micro Hémisphère), sachant qu'1 MH correspond à 1 million de km².

C'est le père Scheiner (1575 – 1650) qui attira l'attention sur les taches solaires. A cette époque, l'astre du jour était regardé et honoré comme le symbole le plus pur, et les savants de l'époque n'auraient jamais osé admettre l'existence de ces taches.

Si l'on note chaque jour, sur le même dessin, la position des taches, on voit que leur mouvement apparent est plus rapide au centre, tandis qu'il devient plus lent au bord du disque.

La figure ci-dessous montre les trajectoires apparentes des taches solaires. Elles sont plus sombres car plus froides. Pour rappel, la température de la photosphère est de l'ordre de 5500°C, et les taches n'en font qu'environ 3500.

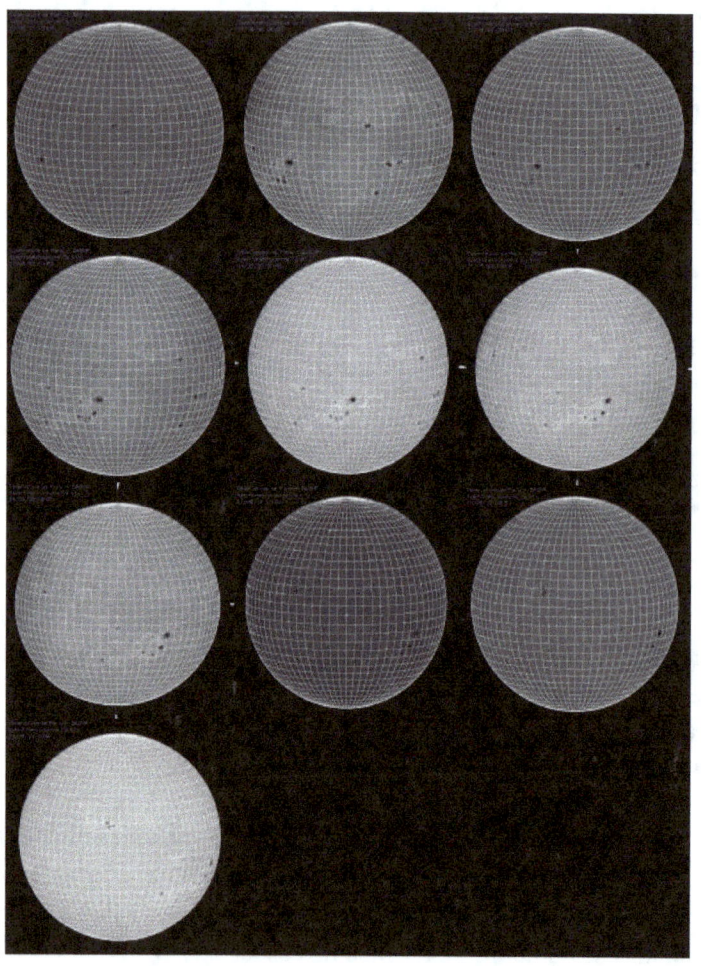

Rotation différentielle du Soleil – Obspm.fr

C'est la présence de ce champ magnétique qui inhibe la convection par un effet similaire aux freins à courants de Foucault, ralentissant ainsi l'apport de chaleur venant de l'intérieur du Soleil dans cette zone. Du fait de la présence de champ magnétique et de la température de surface réduite, moins de lumière est émise au niveau de la tache par rapport au reste du disque solaire : par contraste la tache solaire apparaît donc plus sombre que le reste de la photosphère.

De par la présence de champ magnétique intense, les taches solaires sont le siège principal des phénomènes actifs. Les éruptions solaires proviennent en effet principalement de ces régions.

L'énergie du champ magnétique est en effet le réservoir d'énergie qui alimente les différents phénomènes impulsifs liés aux éruptions. L'étude des taches solaires, leur évolution au cours des cycles solaires, est donc un enjeu primordial en physique solaire et physique des relations Soleil-Terre.

Si nous admettons que ces taches sont fixes à la surface du Soleil, nous pouvons donc les utiliser comme points de repères pour étudier la rotation de l'astre. On détermine, d'après les trajectoires et les vitesses apparentes des taches sur le disque, la position de l'axe de rotation du Soleil par rapport aux étoiles, ainsi que sa vitesse de rotation.

L'équateur solaire est incliné sur le plan de l'écliptique d'environ 7°. Mais concernant sa rotation, elle conduit aux mêmes résultats que pour les autres étoiles ou planètes gazeuse. Sa rotation n'est pas uniforme. Une tache située vers l'équateur mettra 25 jours pour faire le tour, alors qu'à une quarantaine de degrés de latitude, il lui en faut 27. Si la Terre présentait le même phénomène, le jour durerait 2h de plus à Paris, donc plus tout a fait 24h partout.

Cette différence de rotation induit une sorte torsion de la matière solaire, et est essentielle à la compréhension de ce qui se passe à l'intérieur du Soleil. Deux mécanismes sont à l'œuvre, *Oméga* et *Alpha*.

L'effet Oméga : Les champs magnétiques qui se développent à l'intérieur du Soleil sont étirés par la rotation différentielle (le gradient de rotation étant une fonction de la latitude et du rayon du Soleil) et s'enroulent autour du Soleil. Ce phénomène est appelé l'effet Oméga en raison de l'existence d'une boucle fermée qui relie les deux pôles du Soleil, ressemblant à ladite lettre grecque. C'est également la rotation différentielle du Soleil qui donne une orientation nord-sud aux lignes de forces du champ magnétique et qui finissent par l'encercler en l'espace de 8 mois.

L'effet Alpha : Le fait que les lignes de forces du champ magnétique soient inversées et tordues est provoqué par la rotation du Soleil. Ce phénomène est appelé l'effet Alpha parce que cette lettre grecque rappelle une boucle inversée.

Les premiers modèles de la dynamo solaire assumaient que l'inversion était produite par les effets de la rotation du Soleil sur de vastes flots convectifs qui transportaient la chaleur interne jusqu'en surface. Mais cette théorie entraînait des inversions bien trop nombreuses et produisaient des cycles magnétiques qui ne duraient pas plus de deux ans. Des modèles dynamo plus récents assument que l'inversion est provoquée par la rotation du Soleil qui agit sur la remontée de tubes de flux magnétiques des profondeurs du Soleil. L'inversion des lignes de forces engendrée par cet effet Alpha formerait les groupes de taches obéissant à la loi de *Joy* (inclinaison des groupes) et créerait l'inversion du champ magnétique d'un cycle de taches solaires à l'autre (loi de *Hale*).

Malheureusement, même en combinant les modèles de la dynamo solaire avec les modèles   internes du Soleil et de l'activité solaire de surface, jusqu'à présent les astrophysiciens ne parvenaient pas à comprendre pourquoi l'activité du Soleil suit un cycle régulier d'environ 11 ans.

Ils ont donc vérifié s'il n'existait pas de variables supplémentaires que les modèles ne prenaient pas en compte et ont finalement découvert que l'effet des marées planétaires longtemps ignoré était finalement significatif.

Si l'activité magnétique du Soleil explique en grande partie le cycle solaire, elle ne l'explique pas totalement. C'est pourquoi l'équipe de Franck Stephani du HZDR (Helmholtz Zentrum Dresden Rossendorf) a étudié en 2019 les effets des forces de marée de Vénus, de la Terre et de Jupiter et découvrit qu'elles influencent le champ magnétique solaire au point de régir le cycle solaire.

Statistiquement, les observations de 90 cycles solaires et les configurations planétaires sont liées avec une précision *chronométrique*, comme le disent les chercheurs.

Tout comme la Lune provoque des marées océaniques chez nous, les planètes sont capables de déplacer le plasma à la surface du Soleil. Les forces de marées sont plus importantes lorsque les planètes Vénus – Terre – Jupiter sont alignées, et cet alignement se produit tous les 11 ans environ.

Malgré le faible impact que pourrait avoir trois petites planètes, les chercheurs allemands ont trouvé qu'un mécanisme indirect potentiel pourrait influencer le champ magnétique solaire, c'est l'instabilité de Rayleigh – Taylor, qui modifie l'interface entre deux fluides de densités différentes.

Les propriétés individuelles des taches ne sont pas moins intéressantes que leurs caractères statistiques. Quelques heures, un jour au plus, avant la naissance d'une tache, des structures brillantes et fibreuses apparaissent : les *facules*. Une tache solaire a toujours une facule associée, mais il se peut qu'une facule se manifeste sans tache. Assez brusquement, un trou apparaît dans et la tache est née.

Elle grandit et sa structure si caractéristique se développe.

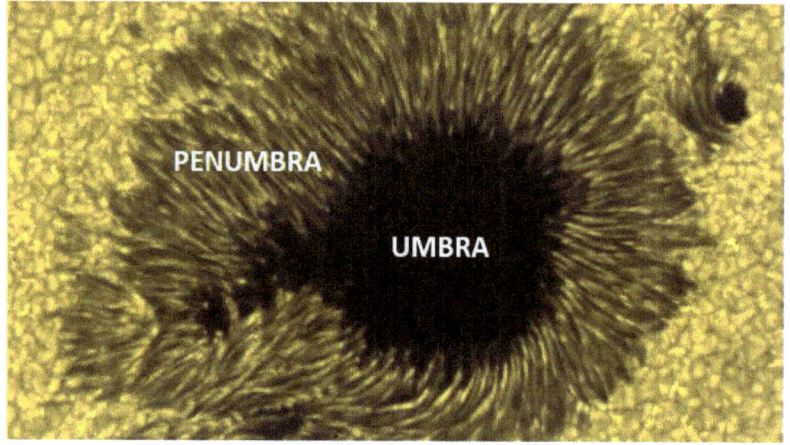

Taches solaire – Space Weather Live

Au centre, une région presque noir, l'*ombre* (Umbra sur l'image ci-dessus), entourée d'une partie plus claire, la *pénombre* (Penumbra sur l'image ci-dessus), coupée de stries radiales convergentes vers le centre de la tache. Très souvent, d'autres taches se forment dans la même région. Au bout de quelques jours, les plus petites taches disparaissent ou fusionnent avec la plus grande, qui à son tour fini par disparaitre. Les facules restent un peu plus longtemps, mais finissent elles aussi par mourir.

Il y a cependant une certaine tendance pour d'autres taches à réapparaitre au même endroit. La durée de vie d'une tache est liée à sa taille, les plus grandes pouvant durer quelques mois. Il y a différentes activités, certaines taches tumultueuses s'associent, des points brillants dans la pénombre, des ponts de lumière peuvent apparaitre. Certaines taches sont plus stables, restants dans leur position avec une activité exemplaire, calme, avant de disparaitre.

Lorsqu'on observe la photosphère et les taches, on pourrait croire à la formation d'un creux. Il s'agit bien évidemment d'un effet d'optique. Déjà parce qu'une structure gazeuse n'a pas, à proprement parlé, de relief bien défini ; et il ne s'agit que d'une différence de température, comme mentionné plus haut, l'écart est de l'ordre de 2000°C.

Nous ne pouvons pas quitter les taches sans mentionner une dernière caractéristique essentielle : les observations spectrographiques permettent de détecter et de mesurer les champs magnétiques. On constate alors en étudiant le spectre des taches qu'elles sont de gigantesques aimants.

La découverte par Georges Ellery Hale (1868 – 1938), au début du 20ème siècle, des champs magnétiques des taches a été la première preuve du rôle important des phénomènes électromagnétiques dans la physique du Soleil.

En dehors des taches et facules, on peut distinguer, à la surface du Soleil, une fine granulation. La photosphère, au lieu d'être uniforme, semble formée de grains brillants répandus sur un fond plus sombre.

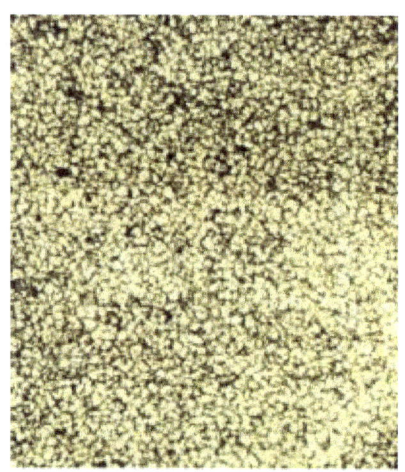
Granulation – Observatoire Midi Pyrénées

Le diamètre de ces grains est en moyenne de 1200 km. Ils apparaissent, brillent et disparaissent sur place en l'espace de quelques minutes.

Ils sont identifiés pour la première fois au début du 19ème siècle par William Herschel. On doit les premières photographies de ces grains à Jules Janssen (1824 – 1907), astronome à l'observatoire de Meudon.

Ce n'est que vers les années 1930 que ces structures ont été définitivement attribuées aux mouvements convectifs à la surface de notre étoile. Depuis le milieu du 20ème siècle, de nombreuses observations de plus en plus précises ont été menées sur le Soleil, et les modélisations de plus en plus sophistiquées sont apparues, notamment avec l'aide de simulations hydrodynamiques tridimensionnelles.

Ces structures, qui ont des tailles comparables à la France, sont très petites par rapport à la taille du Soleil. S'il est relativement aisé de les observer directement sur le Soleil, il n'est malheureusement pas possible de les visualiser directement sur d'autres étoiles. Ces structures se meuvent et évoluent en permanence dans le temps, ce qui produit de très petites variations de la lumière de l'étoile. La mesure de ces variations requiert des instruments de très haute précision photométrique et des longues observations (quelques semaines à plusieurs mois).

Grâce à sa très grande précision photométrique et longue durée d'observations, la mission spatiale CoRoT du CNES lancée le 26 décembre 2006 (se situant à 896 km d'altitude) a pu mettre en évidence la signature de ce phénomène dans de nombreuses étoiles, en plus des découvertes d'exoplanètes, dont nous reparlerons dans un autre chapitre.

Ces observations ont de plus révélé que le temps caractéristique de ce phénomène varie selon une relation d'échelle fonction de la fréquence caractéristique des oscillations de type solaire détectées dans ces mêmes étoiles. Cette fréquence (notée nu_{max}) varie à son tour en fonction de deux caractéristiques simples de l'étoile : sa gravité et température de surface. Le temps caractéristique de la granulation stellaire varie par conséquent d'une étoile à une autre en fonction de ces deux seules quantités, ce qui confère à la granulation stellaire son caractère universel.

Depuis cette découverte, la mission spatiale Kepler (NASA), lancé le 7 mars 2009 (sa fin de mission a eu lieu le 30 octobre 2018) a mesuré les propriétés de la granulation dans un nombre encore plus grand d'étoiles allant de la séquence principale jusqu'à la phase de géante rouge, en passant par la phase de sous-géante. Ces observations ont confirmé et étendu la validité de la relation d'échelle observée par le satellite CoRoT.

Cette relation demeurait jusqu'à présent en grande partie inexpliquée. Ceci a donc motivé un travail théorique qui a abouti à un modèle de la granulation stellaire. Ce modèle a été ensuite confronté aux observations photométriques effectuées avec Kepler. Les calculs théoriques ont nécessité 22 simulations hydrodynamiques tridimensionnelles représentatives des étoiles observées.

Ces calculs confirment la dépendance de la durée de vie des granules avec la fréquence caractéristique des oscillations (nu_{max}). Ils révèlent que cette durée de vie dépend également d'un nombre caractéristique appelé nombre de Mach, qui mesure le rapport entre la vitesse des éléments turbulents et la vitesse du son au niveau de l'atmosphère. Ce nombre renseigne sur la vitesse des granules à la surface de l'étoile.

Ce travail a permis de comprendre le lien jusqu'à présent inexpliqué entre les propriétés de la granulation et celles des oscillations stellaires. Il révèle enfin que ce type d'observations fournit une mesure du nombre de Mach, qui peut être utilisé comme contrainte sur les modèles de convection stellaire.

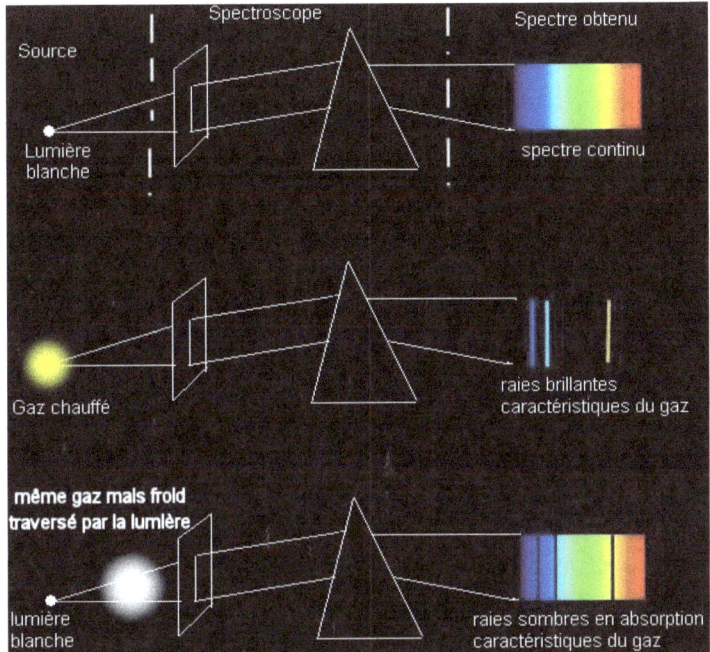

Principe de Spectroscopie – Wikipédia – M.Besnier

Chapitre 5 : Atomes et Spectrographe

La spectroscopie est le champ d'étude qui consiste à observer et interpréter les spectres électromagnétiques produits par une substance qui émet ou absorbe une énergie rayonnante.

Les premières expériences remontent à Isaac Newton. En faisant passer la lumière à travers un prisme de verre, il montre en 1666 que la lumière blanche est composée de couleurs élémentaires. C'est le phénomène de *réfraction*.

En passant par les travaux de William Herschel puis Johann Wilhelm Ritter (1776 – 1810), on découvre les infrarouges et les ultraviolets. Enfin, Thomas Young (1773 – 1829) met en évidence l'aspect ondulatoire de la lumière, et mesure le premier avec précision les longueurs d'ondes avec un réseau de *diffraction*. Chaque couleur pure est caractérisée par une longueur d'onde unique.

L'anglais William Wollaston (1766 – 1828) découvre en 1802 la présence de raies d'absorption dans le spectre solaire, et l'allemand Joseph Fraunhofer observe en 1814 le spectre du Soleil. Il constate alors une raie double, correspondant exactement à celle observée dans le spectre d'une flamme, il s'agit du Sodium.

Les méthodes spectroscopiques sont importantes pour l'analyse chimique des substances, comme le suggérait John Herschel et William Henry Fox Talbot (1800 – 1877).

La spectroscopie optique repose sur la séparation de la lumière en longueurs d'ondes individuelles. Cependant, seule une petite partie de ce spectre n'est visible. La région ultraviolette va des longueurs d'ondes plus courtes que le violet, jusqu'au rayon X. La partie infrarouge va des longueurs plus grandes que le rouge jusqu'au domaine des micro-ondes et ondes radios.

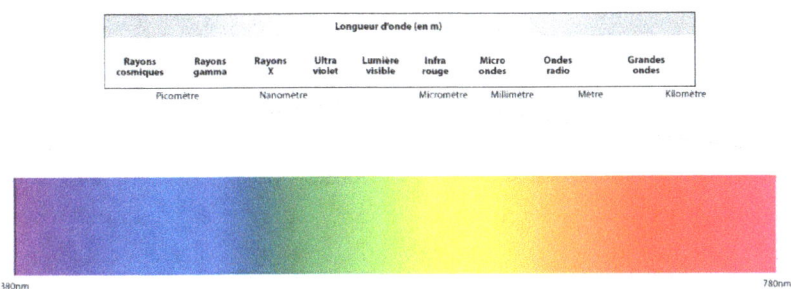

Toutes les substances émettent ou absorbent des radiations à leur propre fréquence ou longueur d'onde caractéristique. Par conséquent, le spectre d'une substance constitue une « empreinte digitale » qui permet de l'identifier. La séparation de la lumière d'une étoile en différentes couleurs révèle de nombreux petits détails appelés raies spectrales. L'étude de la fréquence et de l'intensité de ces raies fournit des renseignements sur la quantité des diverses substances présentes et sur la température, la pression et le rayonnement baignant le gaz émetteur.

Un des premiers exemples d'un tel type d'étude est l'observation par Joseph Von Fraunhofer de raies d'absorption sombres dans le spectre visible du soleil. Ces raies sont causées par la présence de sodium, de calcium et d'autres éléments dans l'atmosphère solaire. L'hélium a été découvert dans le spectre solaire avant qu'il le soit sur Terre.

La théorie des quanta, avancée par Max Planck en 1900, permet de comprendre en détail le spectre des atomes et des molécules. Cette théorie affirme que l'énergie est émise ou absorbée en unités discrètes appelées quanta. En 1913, Niels Bohr (1885 – 1962) parvient à expliquer en détail le spectre de l'atome d'hydrogène en postulant que l'énergie de ce dernier ne peut prendre qu'une série de valeurs discrètes et que l'émission ou l'absorption de rayonnement ne survient qu'en cas de passage d'un niveau d'énergie à un autre.

L'introduction de la mécanique quantique par Werner Heisenberg (1901 – 1976) et Erwin Schrödinger (1887 – 1961) en 1925 et 1926 constitue un autre développement important. Les spectres associés à une variation des nombres quantiques de rotation d'une molécule sont habituellement observés dans le domaine micro-ondes et les régions adjacentes du spectre électromagnétique. Ceux qui sont associés à une variation des nombres quantiques de vibration surviennent dans le domaine infrarouge. Les spectres électroniques sont généralement étudiés dans les domaines visible et ultraviolet.

En 1925, Samuel Abraham Goudsmit (1902 – 1978) et Georges Eugène Uhlenbeck (1900 – 1988) postulent que l'électron possède un moment angulaire intrinsèque (ou spin) auquel est associé un moment magnétique. Ils présentent cette idée pour expliquer la présence de quelques groupes de raies dans le spectre des métaux alcalins et alcalino-terreux. Une multiplicité de raies analogue apparaît dans le spectre des molécules contenant au moins un électron non apparié.

De telles espèces chimiques sont souvent appelées radicaux libres. De nombreux noyaux atomiques peuvent, de manière similaire, présenté un moment magnétique. L'interaction de ce moment magnétique nucléaire avec un champ magnétique extérieur confère au noyau une énergie qui dépend de l'orientation relative du moment magnétique et du champ magnétique.

L'étude de la spectroscopie par résonance magnétique nucléaire (RMN) a permis d'obtenir des renseignements précieux sur la structure des molécules. De nombreuses autres formes de spectroscopie sont apparues depuis l'avènement des lasers en 1960. Lorsque la fréquence du laser n'est pas accordable, il est possible d'atteindre la résonance en décalant la fréquence caractéristique de la molécule ou du radical étudié. L'application d'un champ électrique ou magnétique extérieur peut être utilisée à cet effet. Les lasers accordables ont permis de développer de nombreux types de spectroscopie à haute résolution. Toutes ces techniques permettent de mesurer avec une grande précision les propriétés des atomes et des molécules.

Les lasers étendent aussi la spectroscopie Raman. Cette technique consiste à exciter des molécules à l'aide d'un fort rayonnement monochromatique et à analyser le rayonnement diffusé qui contient des fréquences supplémentaires propres à la molécule excitée. La spectroscopie a de nombreuses applications. Les spectroscopies d'émission et d'absorption atomiques permettent d'identifier les éléments présents dans les minéraux ou de mesurer des concentrations d'impuretés de l'ordre d'une partie par million ou même d'une partie par milliard.

Les chimistes utilisent couramment la spectroscopie par résonance magnétique nucléaire et la spectroscopie infrarouge pour identifier des matériaux et suivre l'évolution de réactions. On utilise diverses formes de spectroscopie pour mesurer la concentration de polluants dans l'atmosphère. La spectroscopie optique a permis d'identifier de nombreuses molécules dans l'atmosphère des étoiles et des planètes, et la spectroscopie micro-ondes a permis d'identifier plus de 80 espèces moléculaires dans le milieu interstellaire.

Spectre en absorption du Soleil – Spectre visible – Jean Marie Malherbe, Observatoire Paris

Effet Doppler - Fizeau

Découvrons maintenant une autre application du spectrographe : la mesure de la vitesse de la matière lumineuse, grâce à l'effet Doppler –

Fizeau. La fréquence d'un phénomène périodique, comme la lumière, varie lorsque la source se rapproche ou s'éloigne de l'observateur.

Une analogie fournie par le site Futura Science est intéressante :

« *On peut faire une analogie avec un ruisseau dans lequel seraient jetées des feuilles à intervalles réguliers. En remontant le courant (en se rapprochant de la source), on verra des feuilles plus souvent, et de plus en plus souvent si l'on accélère. Au contraire, en descendant le courant (en s'éloignant de la source), on verra des feuilles de moins en moins souvent, jusqu'à ne plus en voir qu'une si l'on va à la même vitesse que le courant.*

Les sons aigus ont des fréquences élevées, c'est-à-dire que l'on « rencontre » souvent l'onde : on se rapproche de la source (ou elle se rapproche de nous) ; les sons graves ont des fréquences moins élevées : on s'éloigne de la source (ou elle s'éloigne de nous). »

Un phénomène similaire se passe avec les lumières d'un avion, qui se décalent vers le bleu en s'approchant et vers le rouge lorsqu'elles s'éloignent. L'œil humain ne peut apprécier cette variation de fréquence, mais un spectrographe oui. Il permet de détecter des petits déplacements de raies spectrales, et on peut ainsi mesurer assez facilement les vitesses relatives d'une source lumineuse. La vitesse supérieure à 1 km/s équivaut à un changement de fréquence (donc de longueur d'onde) de 1/300 000. Il s'agit alors de la résolution du spectrographe, comme celui de la tour solaire de l'observatoire de Meudon.

Tour solaire, Observatoire de Meudon

Notons que seul compte la vitesse radiale dans l'effet Doppler – Fizeau. Un mouvement transversal de la source, sans variation dans sa distance n'a d'influence sur la longueur d'onde reçue.

On devine aussitôt l'importance astronomique de l'effet Doppler – Fizeau. Il nous permet par exemple de savoir si une étoile s'approche ou s'éloigne de nous, et à quelle vitesse. En comparant les longueurs d'ondes des raies de Fraunhofer dans la lumière du centre et du bord du Soleil, on a pu déterminer sa vitesse de rotation à près de 2 km/s.

Atomes et Lumière

L'idée que la matière, apparemment continue, est formée de grains infiniment petits, les atomes (insécables en grec ancien), est aussi vieille que la pensée : Démocrite d'Abdère (460 av. J-C - 370 av. J-C) est sans doute le plus connu.

Aux temps modernes, c'est la chimie qui fait revivre la conception des atomes. Toute réaction chimique, comme la formation de l'eau, n'engage qu'une proportion absolument définie des corps qui réagissent, oxygène et hydrogène dans ce cas. L'interprétation admise est que les molécules d'eau sont constituées de deux atomes d'hydrogène et un d'oxygène. Mais il n'existe que 118 atomes différents, la multitude de corps de la chimie pouvant être obtenue par combinaison des 118 corps simples, ou éléments.

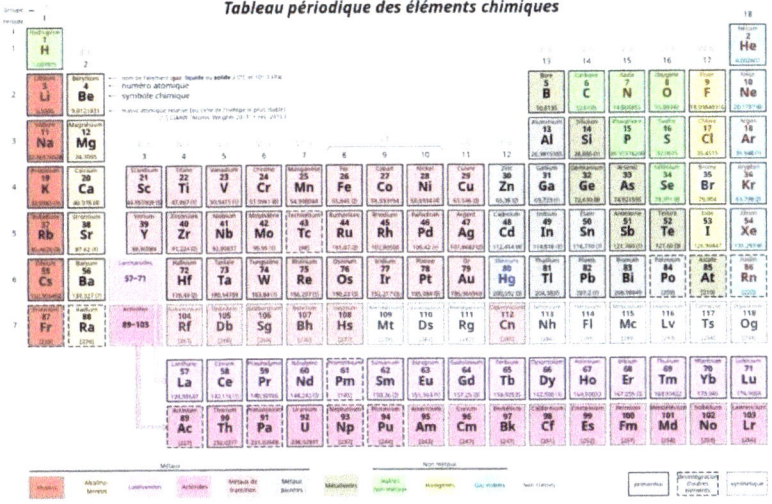

Tableau périodique des éléments chimiques

Tableau de classification périodique des éléments - Wikipédia

En principe, l'étymologie voudrait que les atomes soient indivisibles. Mais le fait est qu'ils peuvent s'unir les uns aux autres, le fait aussi qu'il existe des similitudes entre différents atomes permettant d'en faire un classement rationnel, ce que fera Dmitri Ivanovitch Mendeleïev (1834 – 1907) en 1869, suggèrent fortement l'existence d'une structure interne de l'atome.

Cette structure sera mise en évidence par Joseph John Thomson (1856 – 1940) et Ernest Rutherford (1871 – 1937). Le premier démontra que les divers éléments sont capables d'émettre des électrons, et donc un constituant de l'atome. Le second établit l'architecture générale de l'atome : un noyau chargé positivement, entouré d'un certain nombre d'électron dont la charge est négative, équilibrant ainsi la charge de l'atome, neutre. Nous ne détaillerons pas ici la composition du noyau de l'atome, ni quarks ni gluons, que l'auteur préfère laisser aux spécialistes de la question quantique.

Les atomes des 118 corps simples diffèrent les uns des autres par la masse et la charge du noyau, et par le nombre d'électrons qui l'accompagnent. La masse du noyau est un multiple entier de celle du noyau d'hydrogène (*proton*) qui pèse lui-même comme environ 1836 électrons. L'hydrogène n'a qu'un seul électron, l'hélium deux, l'oxygène huit, le radium quatre vingt huit.

Une question essentielle se pose maintenant. Comment les électrons sont-ils disposés, et pourquoi ils ne se précipitent pas sur le noyau ?

En fait, l'électron n'est pas une « petite bille » qui tourne autour du noyau. Il s'agit plus d'un « *brouillard* » de probabilité, dans lequel se situe l'électron, qui ne se manifeste que lors d'une mesure. L'électron a une charge électrique négative, le noyau de l'atome une charge positive. Ils s'attirent donc. Mais l'électron ne peut pas avoir n'importe quelle position. En effet, il existe des sortes de paliers, notés n, et l'état n = 1 correspond à l'état fondamental, proche du noyau. Nous touchons là à une des quatre interactions fondamentale, *l'électromagnétisme*. Les trois autres étant la gravitation, *l'interaction nucléaire faible*, et *l'interaction nucléaire forte*.

Le noyau de l'atome est constitué de nucléons, c'est-à-dire de protons et neutrons. Il y a exactement le même nombre d'électrons et de protons, ce qui fait que l'atome reste électriquement neutre, tout comme les neutrons.

Le nombre d'électrons (ou de protons) dans un atome détermine ses propriétés physiques et chimiques, c'est le nombre atomique. Par exemple, l'hydrogène possède 1 électron et 1 proton, le carbone 6, l'oxygène 8, l'uranium 92.

^{1}H, ^{6}C, ^{8}O, ^{92}U →Voir tableau de classification périodique des éléments page précédente.

Le nombre de neutron, lui, est variable. Il reste en général proche du nombre de neutrons, mais deux atomes de même nombre atomique mais avec un nombre de neutrons différents sont dits *isotopes*. Leurs propriétés chimiques sont identiques, mais pas leurs propriétés physiques. On leur donne en général le nombre de nucléons en complément de leur propriété. L'Uranium 235, par exemple, contient 92 protons et 143 neutrons, ce qui donne bien 235.

Un exemple peut-être plus parlant, le carbone 14, qui sert pour la datation de certains objets anciens, est un isotope du carbone, 6 protons mais 8 neutrons.

Considérons l'atome d'hydrogène. Ses propriétés sont plutôt simple, il possède dans sa forme initial un proton et un électron. Les autres atomes ne sont pas essentiellement différents, mais plus compliqués. L'hydrogène possède donc un certains nombre d'états possibles : Celui qui correspond à l'énergie la plus basse est l'état fondamental, pour n = 1. Les autres états sont dit *excités*. Pour que l'atome passe de l'état fondamental à l'état excité, il faut lui fournir de l'énergie.

Cette énergie peut être amenée par collision avec un autre atome, ou par rayonnement. Les énergies qu'il emmagasine ne peuvent être quelconques, elles sont *quantifiées* (d'où le nom de physique quantique). Il passe donc à l'état supérieur, n = 2, ce qu'on appelle un *saut quantique* (fig. 2 ci-dessous).

Lorsque l'excitation cesse, l'atome tend à revenir à l'état fondamental. Mais il doit pour cela « rendre » l'énergie induite par le saut quantique. Il émet alors un photon lumineux (fig. 3 ci-dessous).

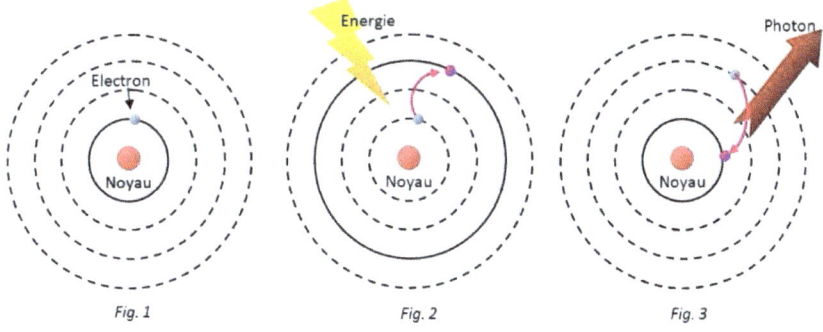

Spectre d'émission – ENS Lyon – F. Trouillet

Un autre phénomène des atomes est important. Lorsqu'on arrive à ajouter ou enlever des charges électriques à un atome, un électron donc, la structure est modifiée et s'appelle alors un *ion*. L'action de modifier cette charge électrique porte le nom *d'ionisation*.

Les atomes excités et les ions sont normalement présents en grand nombre dans l'atmosphère du Soleil, où ils sont produits par chocs continuels entre atomes. Les atomes d'un gaz, ou d'un fluide, sont régis par le *mouvement brownien* (ou processus de Wiener), qui donne un cadre mathématique à cette agitation entre atomes.

Ce processus se fait plus rapide lorsque la température augmente. Les chocs deviennent alors plus fréquents, tout comme l'ionisation. On prévoit ainsi que, selon la température, un même corps pourra présenter des spectres différents, selon le nombre d'atomes suffisamment excités pour absorber une raie donnée. Si la température est trop grande, tous les atomes perdent un électron, et on observe alors les raies caractéristiques de l'atome ionisé.

Par exemple, le spectre de l'atome d'hélium ionisé apparaîtra à une température supérieure à 20 000°C. On voit donc que la présence ou l'absence de certaines raies d'absorption dans le spectre d'un astre est un indice de sa température. Voilà donc une autre facette de la spectroscopie.

Spectre d'émission de l'hélium :

Spectre d'absorption de l'hélium :

Chapitre 6 : Eclipses de Soleil

Dans sa ronde mensuelle, il arrive à la Lune de venir masquer tout ou partie du Soleil, du point de vue de l'observateur sur Terre. Les diverses circonstances ont déjà été exposées au Livre 2 Chapitre 3.

En Général, l'éclipse est partielle, elle ne recouvre pas totalement le disque solaire. Elle n'est pas sans intérêt pour l'astronome, professionnel ou amateur, mais passe généralement inaperçu pour le grand public, même si la lumière du jour baisse de manière appréciable, cela dure une heure environ.

Tout change avec les éclipses totales : la nature nous offre alors un de ses plus grandioses et rares spectacles. Mais le cône d'ombre généré par la Lune dans les rayons lumineux arrive sur Terre en décrivant une petite ellipse. Celle-ci traverse les mers et les continents sur quelques milliers de kilomètres à une vitesse proche des 1700 km/h. Ainsi, puisque la tache sombre est petite, 268 km de diamètre au maximum, et se déplace très vite, l'éclipse totale ne dure en un point précis que 7 minutes dans les conditions les plus favorables, tandis que la phase de décroissance de lumière dure une à deux heures.

Il est assez remarquable de constater le manque d'intérêt que les savants manifestèrent avant le milieu du 19ème siècle pour les apparences étranges qu'on découvre autour du disque noir de la Lune cachant le Soleil.

C'est l'éclipse de 1842, qui traversa le midi de la France et le Nord de l'Italie, que la passion s'est sans doute réveillée, et que l'on observe maintenant les régions externes de l'atmosphère solaire.

Regardons d'abord l'éclipse comme on la voit. A l'heure prédite, un segment noir cache peu à peu le disque éblouissant du Soleil. Lentement, en 1 heure environ, la surface du disque solaire disparaît. C'est au même moment que la lumière du jour diminue.

Phases de l'éclipse du Soleil – Source : Le Monde

Enfin, le croissant est devenu un arc qui s'amincit de plus en plus pour finir tel un chapelet de grains lumineux… et brusquement c'est la nuit. Une nuit incomplète, étrange, car à l'horizon les régions non éclipsées se teinte d'une couleur rougeâtre. Les planètes et étoiles proche visuellement du Soleil apparaissent. Autour du disque lunaire flamboie une aurore irrégulière, la Couronne, dont le blanc éclatant s'adoucit progressivement jusqu'à se fondre dans le ciel d'un bleu profond. Deux, voir trois minutes se passent.

La couronne brille toujours, et soudain, un éclair éblouissant : le Soleil réapparaît très lentement, les rayons lumineux se font de plus en plus présent, jusqu'à récupérer le disque solaire en entier.

D'un point de vue des astronomes, les impressions sont un peu différentes. Leur présence est motivée, d'une part par le spectacle, mais aussi par le désir de mener à bien des observations délicates.

Mais les préparatifs se font des mois à l'avance, suivant l'expédition qui les attend. Sauf bien sûr dans les cas où l'éclipse ne traverse que l'océan. C'est ainsi que Aymar de La Baume Pluvinel (1860 – 1938), illustre astronome amateur (qui a reçu le prix Jules Janssen en 1923 pour ses importantes observations sur le Soleil et les éclipses), désireux d'observer une longue et belle éclipse à la fin du 19ème siècle, constata sur une carte qu'elle ne touchait que deux ilots perdus baptisés « Iles Walker ». Voulant se renseigner plus en avant sur ces îles, il apprit qu'elles n'avaient jamais existé que dans l'imagination de leur découvreur Walker ! La ligne de totalité ne rencontrait dans le pacifique aucune terre, à l'exception d'un rocher émergeant seulement à marée basse, et nettement insuffisant pour installer un observatoire, même temporaire.

D'innombrables problèmes touchant à l'astronomie et à la géophysique peuvent être abordés durant les éclipses. Nous allons passer ici en revue les plus importants.

Au début, ou à la fin d'une éclipse totale, lorsque la Lune masque juste le disque éblouissant de la photosphère, on peut distinguer un liseré brillant, légèrement rougeâtre dû à l'hydrogène : la *Chromosphère*. Elle est épaisse de quelques milliers de kilomètres, elle se compose d'une multitude de petits jets brillants. Comme elle n'est pas très épaisse, cette région de l'atmosphère solaire est occultée par la Lune au bout de quelques secondes. Le mot de *spectre-éclair* donné à la chromosphère illustre bien les difficultés qu'on pu rencontrer les astronomes observateurs.

Heureusement, à cause de la rareté des éclipses, et parfois leur éloignement de tout observatoire, a permis aux scientifiques à chercher des solutions pour étudier le Soleil sans que celui-ci ne soit éclipsé.

Dès 1930, Bernard Lyot (1897 – 1952) inventa le premier coronographe solaire.

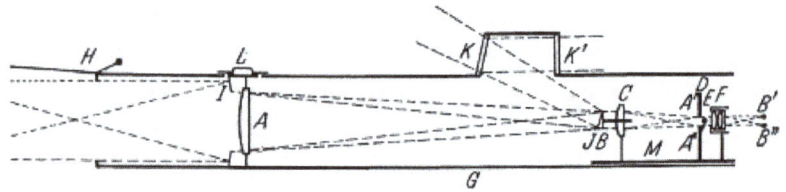

Schéma du coronographe.

Le principe du coronographe consiste à placer un disque occulteur d'un diamètre proche de diamètre apparent du Soleil, qui de fait masque le disque solaire. Cela permet de ne plus être ébloui et de pouvoir faire ressortir les régions faiblement lumineuses. Le coronographe de Lyot sera étudié plus en détail au chapitre des instruments de l'astronomie. L'image que l'on peut exploiter avec cet instrument est exceptionnelle.

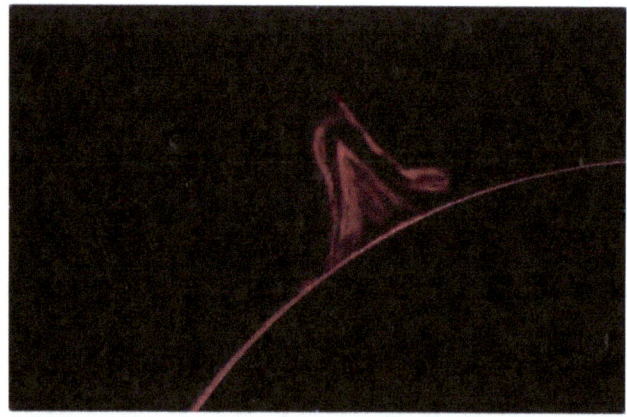

Protubérance solaire - Observatoire de la pointe du Diable

Ces protubérances solaire sont assez souvent visibles à l'œil nu lors des éclipses totales. Elles peuvent atteindre des dizaines voir des centaines de milliers de kilomètres de hauteur. Le spectre fut obtenu pour la première fois par Jules Janssen lors de l'éclipse du 18 août 1868 en Inde : il se compose de raies brillantes comme celui d'un gaz sous une faible pression, les plus notables étant celles de l'hydrogène, et une raie jaune intense qui n'appartenait à aucun élément connu en 1868. Ce gaz sera nommé *Hélium*, en référence au mot grec *Helios* (Soleil).

Les raies H_α et H_β de l'hydrogène parurent si brillantes à Janssen qu'il se demanda si la protubérance, observée uniquement avec la lumière de ces raies, ne surpassait pas en éclat le fond du ciel, même après l'éclipse. En effet, le lendemain il amena sur la fente de son spectroscope le point du bord du Soleil où il avait, lors de l'éclipse, observé une grande flamme. Il vit une raie H_α brillante superposée au spectre de la lumière diffusé par le ciel.

Dans le même temps, en Angleterre, Joseph Norman Lockyer faisait la même découverte. Il sera d'ailleurs crédité avec Jules Janssen pour leur découverte de l'hélium.

Enfin, la glorieuse auréole du Soleil éclipsé, la couronne, est l'objet d'observations particulièrement nombreuses et diverses durant les éclipses totales. Bien que le problème fût resté longtemps comme insoluble, il sera résolu grâce au coronographe de Lyot.

Photographie, spectroscopie, polarimétrie, photométrie électronique, toutes les techniques modernes sont appliquées à l'étude de la couronne. Vers le Soleil, il n'y a aucune séparation nette entre la couronne et la chromosphère, vers l'extérieur on ne sait pas très bien non plus où s'arrête l'auréole solaire qui est d'ailleurs fortement variable d'une éclipse à l'autre. La brillance de la couronne décroit d'une manière continue et rapide entre le brillant liseré chromosphérique et la lueur zodiacale à peine plus brillante que le ciel nocturne le plus noir.

Ses possibilités d'étude sont donc limitées, aussi bien durant les éclipses qu'en leur absence, par la lumière que diffuse les molécules de l'air, les poussières de l'atmosphère et des instruments. Pour y remédier, l'observation dans le ciel pur des hautes montagnes était souhaitable, jusqu'à l'apparition des satellites spatiaux. Le 25 février 1952 ont été tentées des observations de la couronne à bord d'un avion militaire américain volant à 10 000 m d'altitude.

Il nous faut encore parler d'observations très importantes, celles de l'effet Einstein, où les éclipses apportent leur contribution à une branche de l'astronomie bien éloigné de la physique solaire. On sait que les rayons lumineux passant non loin d'un corps massif sont déviés et courbés. Il en résulte que les étoiles photographiées au voisinage immédiat du Soleil semblent déplacées par rapport à leur position normalement attendue.

C'est l'effet de lentille gravitationnelle, théorisé par Albert Einstein en 1915, et validé par Sir Arthur Stanley Eddington (1882 – 1944) lors son expédition à Sao Tomé-et-Principe (Afrique Centrale).

La loi de gravitation d'Einstein, déduite de sa théorie de la relativité générale, prévoyait effectivement une déviation de l'énergie lumineuse 1``75.

Image haute résolution de 1919 – Source ESO

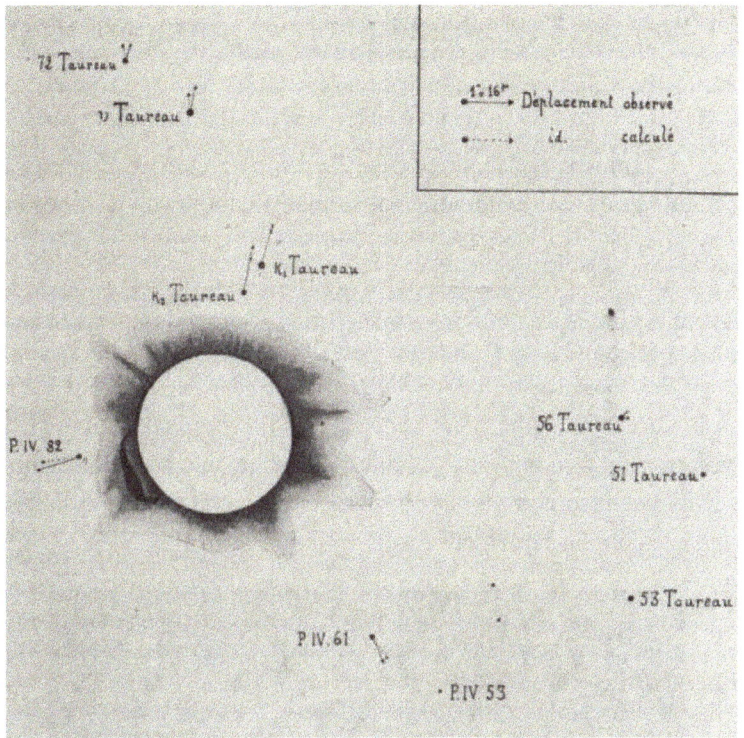

Déviation des rayons lumineux – Source Société Astronomique de France

Les premières expéditions de 1919 et 1922 ont donné d'excellents résultats, en accord avec les prédictions d'Einstein, succès qui fut accueilli avec un véritable enthousiasme par le monde scientifique.

Chapitre 7 : Chromosphère et protubérances

L'atmosphère solaire ne se limite pas, comme nous l'avons dit, à la région brillante que nous avons baptisé photosphère. Au dessus, s'étendent les couches où la pression devient trop faible pour que puissent se former des ions négatifs d'hydrogène. Ces couches sont transparentes, et donc invisibles. Elles n'apparaissent que lors des éclipses totales lorsque la photosphère est masquée par la Lune.

La chromosphère est la partie de l'atmosphère solaire située au voisinage immédiat de l'éblouissante photosphère. Elle se montre lors d'une éclipse comme une bordure brillante et dentelée du disque lunaire, de couleur nettement rose.

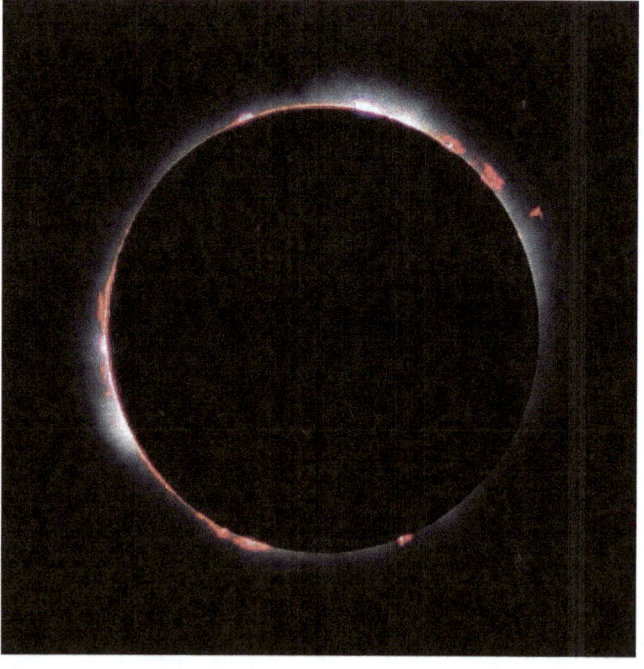

Chromosphère, d'aspect rosée – Wikipédia

Cette couleur est due à la présence de certaines raies du spectre de l'hydrogène (les raies H$_\alpha$ de 626.3nm, de Balmer). Son épaisseur est de quelques milliers de kilomètres. Elle est donc trop mince pour dépasser entièrement le bord de la Lune pendant toute l'éclipse. Pourtant le rayonnement chromosphérique est aussi intense que celui d'une pleine Lune.

Il faut donc attendre une éclipse solaire pour l'observer, sauf si on l'observe à des longueurs d'ondes spécifiquement choisies, comme c'est le cas avec le spectrohéliographe de l'observatoire de Meudon (92).

Le spectre de la chromosphère se compose d'une multitude de raies brillantes dont les longueurs d'ondes correspondent exactement à celles des raies sombres de Fraunhofer.

On peut imaginer une sorte de caricature de l'atmosphère solaire pour interpréter ce fait :

Au dessous, la couche photosphérique émettant un spectre continu intense.

Au dessus, une couche moins dense qui ne peut émettre un spectre continu, mais dont les gaz absorbent et émettent leurs radiations caractéristiques, conformément à la loi de Kirchhoff, du physicien allemand du même nom, Gustav Kirchhoff (1824 – 1887).

Les raies produites dans cette région superficielle raréfiée apparaissent en absorption dans le spectre solaire normal parce qu'elles sont superposées à l'émission continue intense de la photosphère.

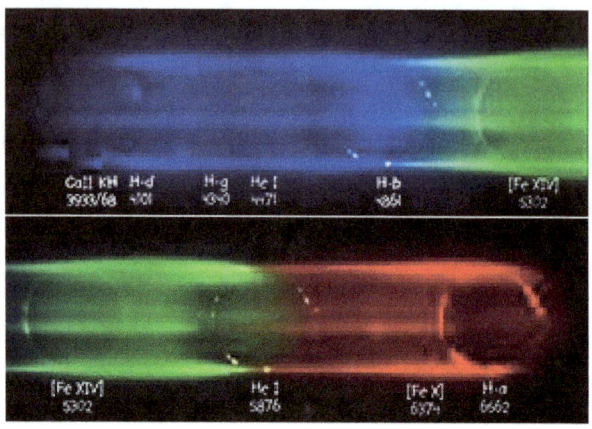

Spectre-éclair, 11 Août 1999 - Source CAOS de l'ESO

L'atmosphère solaire à deux couches est une première approximation. Il serait plus complet de parler de trois couches : Une profonde pour le spectre continu, une plus haute où sont produites les raies d'absorption, et plus haut encore la chromosphère et ses raies d'émission.

Mais en réalité, ces couches s'interpénètrent mutuellement et leur séparation n'est qu'une commodité de langage. Dans toute la région optiquement accessible du Soleil, température, pression et propriétés hydrodynamiques varient de façon continue, il n'y a pas à proprement parler de « frontière » qui sépare chacune d'elles.

Les observateurs ont noté que la hauteur à laquelle on peut détecter les raies chromosphériques au-dessus de la surface du Soleil varie beaucoup d'un élément à un autre. Il semble donc que la chromosphère d'hydrogène soit plus haute que la chromosphère de fer.

Divers astronomes ont cru qu'il y avait là une variation de la composition chimique avec la hauteur dans l'atmosphère solaire, certains atomes, comme ceux de l'hydrogène, plus léger, montent plus haut que d'autres. Une telle stratification des différents éléments ne peut être due au poids différents des atomes. Pourquoi les raies H et K du calcium ionisé, atome relativement lourd, s'observe plus haut que celle d'hydrogène ? Une force susceptible d'aller à l'encontre de la gravité, par une pression de radiation que la lumière exerce sur les atomes qui l'absorbent. Des atomes très absorbants comme ceux de calcium ionisé montraient plus haut parce que soumis à une pression de radiation plus intense.

Cette séduisante théorie développée par Edward Arthur Milne (1896 – 1950) est toutefois abandonnée aujourd'hui.

On aurait tendance à croire que la composition chimique de la chromosphère est homogène, et que les variations de hauteur des raies peuvent s'expliquer sans faire intervenir une stratification des corps.

Un argument en faveur de l'homogénéité de la chromosphère est qu'elle est évidemment brassée par une intense turbulence : on s'aperçoit, comme dans la photo page suivante, qu'elle est formée d'une multitude de petits jets entremêlés qui sans cesse se développent, disparaissent, se renouvellent.

Ce sont les spicules, des petites haies de feu qui ont tendance à se regrouper en bordure des supergranules.

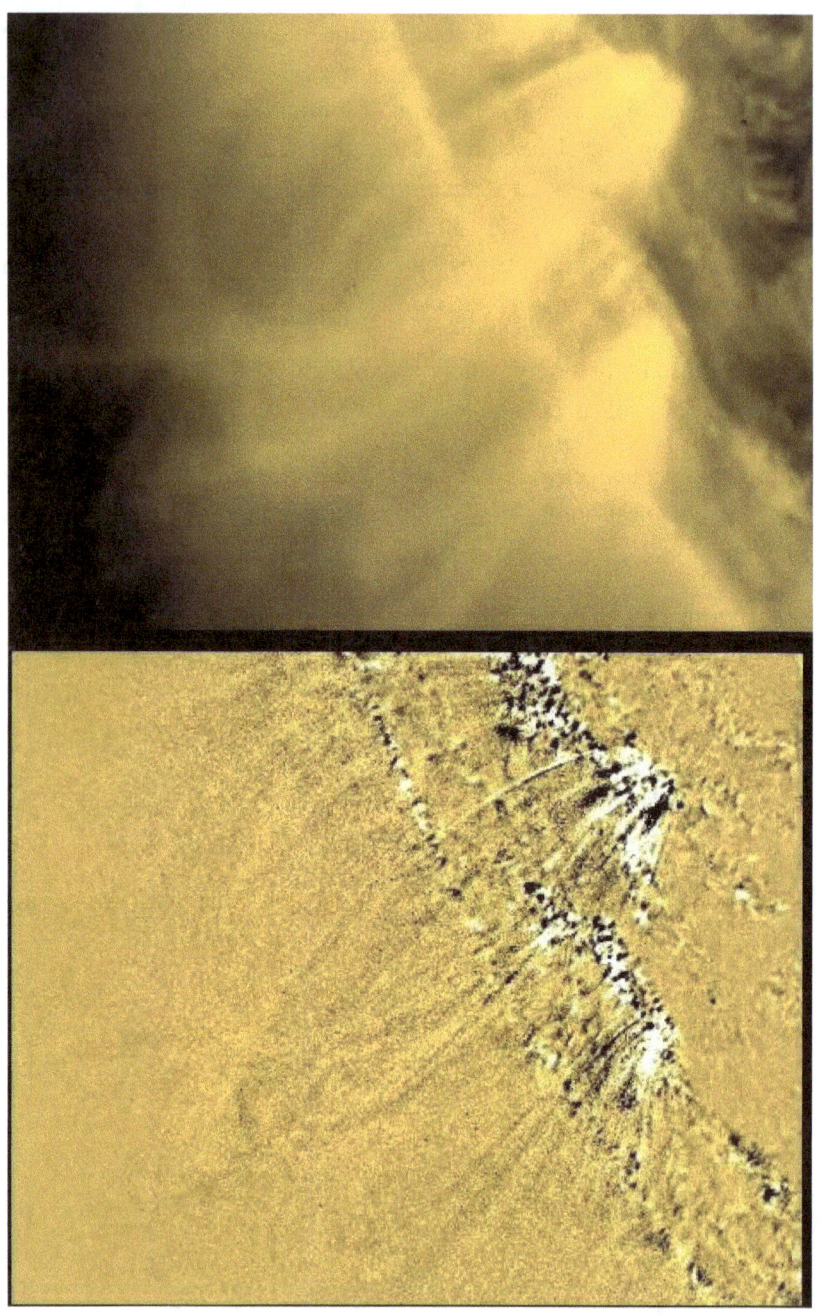

Spicules solaire – Futura-sciences

FILAMENT ET PROTUBERANCES

Nous arrivons maintenant aux plus spectaculaires phénomènes que nous offre généreusement le Soleil. Elles font de la haute atmosphère solaire un feu d'artifice permanent et grandiose qui se déroulerait sur des centaines de milliers de kilomètres.

Les filaments et protubérances solaire sont des structures, dont la température dépasse le million de degrés, composée d'un plasma relativement dense et froid par rapport au milieu ambiant.

Le plasma des protubérances / filaments est de l'ordre de 10 000K, soit une température du même ordre de grandeur de celle de la chromosphère. Les filaments / protubérances sont des structures magnétiques. C'est la présence de ce champ magnétique, possédant une géométrie spécifique en « hamac », qui permet l'existence de plasma froid dans la couronne chaude.

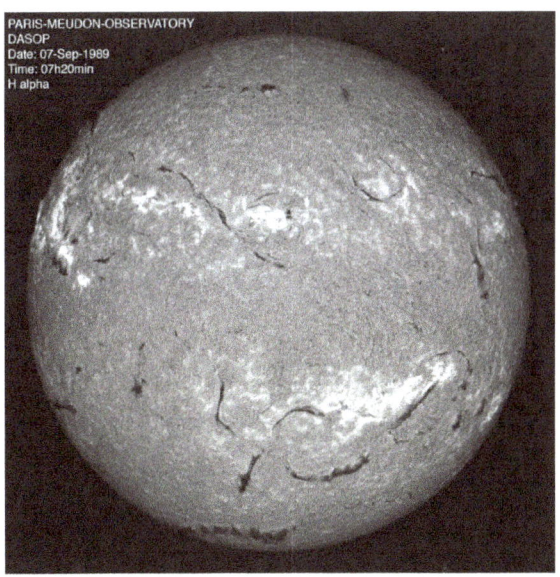

Image en H$_\alpha$ du disque solaire le 7 septembre 1989 –Obspm

L'image page précédente montre le disque solaire, lors d'un maximum du cycle solaire : de très nombreuses structures sont visibles.

Si les protubérances et les filaments correspondent au même objet physique, leurs différents noms proviennent de la manière dont ces structures sont observées.

Un filament correspond à la structure magnétique lorsqu'elle est observée sur le disque solaire. Observée dans les raies chromosphériques (H_α, C_a II), elle apparaît alors plus sombre par rapport au reste du disque solaire. La lumière propre que le filament émet est en effet beaucoup plus faible que celle du disque solaire, dont elle absorbe la lumière émise par la photosphère située sous elle.

Une protubérance n'est rien d'autre que la même chose, à un détail près. Elles sont observées sur le bord du disque solaire, au limbe. La protubérance paraît brillante (du fais de la propre lumière qu'elle émet) phénomène optique dû au contraste avec le fond du ciel beaucoup plus sombre.

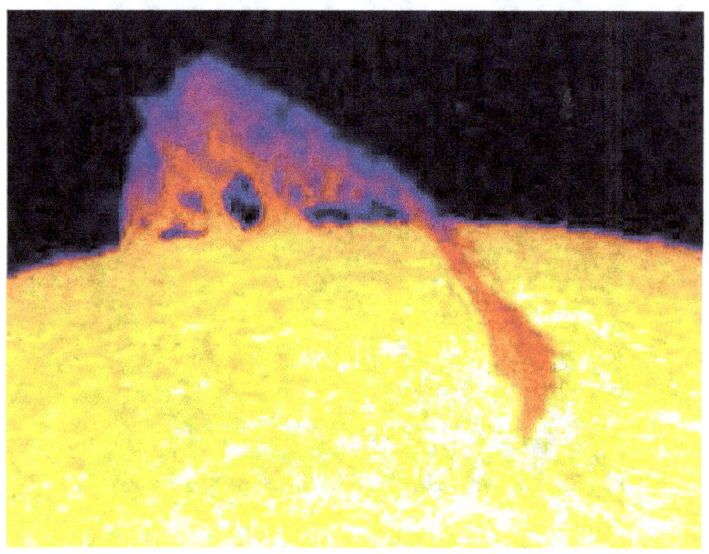

Protubérance / filament solaire - Obspm

La photo page précédente est une observation en Ca II K3. La même structure est observé sombre sur le disque (filament) et brillante par rapport au fond du ciel (protubérance). Ces observations montrent que ces deux phénomènes correspondent à la même structure physique.

Filaments et protubérances sont des structures très fréquemment observées par le spectrohéliographe de Meudon. Les filaments se retrouvent sur les images H_α et Ca II. Pour observer et mettre mieux en avant les protubérances, des méthodes spécifiques sont utilisées. En plaçant une « lune artificielle» partiellement opaque sur le chemin du faisceau d'entrée du spectrohéliographe, la lumière du disque solaire est atténuée.

Le plasma des protubérances / filaments est composé d'hydrogène et d'hélium, ainsi que d'autres éléments plus lourds (les astronomes parlent de « métaux »), comme le calcium ou le sodium.

Dans les domaines visible et infrarouge, on utilise principalement des raies spectrales de l'hydrogène et de l'hélium pour l'étude des conditions physiques, telle que la température, la pression, le champ magnétique ou le champ des vitesses, qui vont caractériser le plasma.

Les protubérances / filaments peuvent prendre des formes très variés, tels que des piliers, des arches, champignons et autre buisson, ou encore d'arbre, etc. Et ces formes peuvent évoluer. Un filament / protubérance peut ainsi se transformer, disparaître, réapparaître, ou fusionner en quelques heures, et subsister quelques jours.

L'étude scientifique des protubérances est particulièrement motivée par leur rôle dans les interactions Soleil – Terre. En effet, le champ magnétique coronal qui les soutient peut brutalement se déstabiliser et se reconfigurer. La matière formant un filament / protubérance présent sur le disque solaire pendant plusieurs jours peut brutalement être éjectée en quelques dizaines de minutes au cours d'une éruption solaire. Ces éruptions peuvent potentiellement impacter l'environnement magnétique de la Terre.

L'étude des filaments et protubérances est un des enjeux du service du spectrohéliographe de Meudon. Les observations permettent de suivre au cours du temps, de cycle solaire en cycle solaire, l'évolution des propriétés de ces structures. Leur dimension spatiale, leur taille, leur forme leur durée de vie sont ainsi étudiés. Cela permet d'en apprendre plus sur l'évolution de ces structures en lien avec l'évolution des cycles d'activités du Soleil. Seul un instrument optique tel que le spectrohéliographe et sa collection centenaire permet d'effectuer ce type d'étude de climatologie solaire.

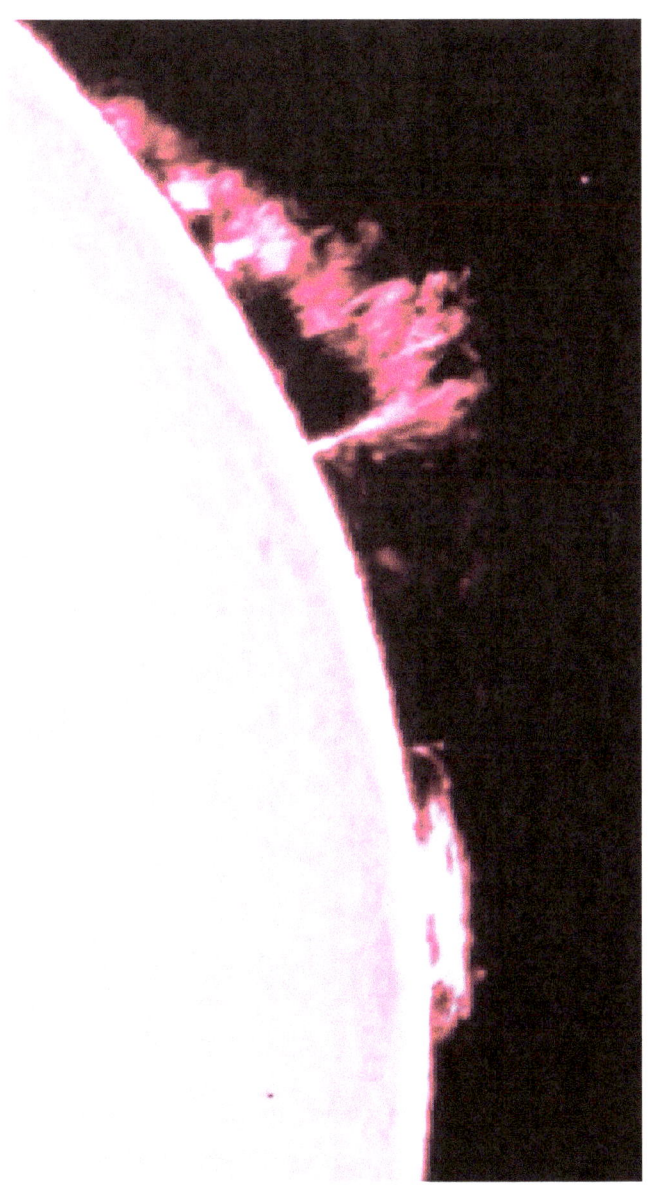

Protubérance observée en H$_\alpha$ au limbe du disque solaire – Obspm.

La statistique des protubérances montre une corrélation générale avec l'activité des taches solaires. Cette corrélation est d'autant plus vraie pour des phénomènes observés dans les zones équatoriales et tropicales du Soleil. Elle est cependant moins marquée pour les protubérances polaires dont le maximum d'activité se produit quelque deux ans après le maximum des taches.

Cependant, la distinction entre les filaments polaires et équatoriaux est fragile. Souvent on a pu voir des phénomènes naître dans les zones royales (tropicales), dériver régulièrement jusque vers les pôles et s'intégrer après plus d'un an au groupe de protubérances polaires.

Spectrohéliographe de Meudon (92) – Crédits : Obspm

La disparition d'une grande protubérance n'est pas un lent évanouissement, c'est un phénomène catastrophique, quoique magnifique à regarder, un véritable envol de gaz à des vitesses pouvant atteindre plusieurs centaine de kilomètres par seconde.

On devine l'excitation d'un astronome témoin d'un si magnifique cataclysme. La chronologie en donne une saisissante reconstitution, aussi admirable que précieuse d'un point de vue scientifique.

Comme de nombreuses protubérances ne sont pas aussi calmes que celles décrient plus haut, elles sont souvent la manifestation de mouvement et d'évolution rapide.

Un cas particulièrement simple est la *protubérance-geyser* : une colonne de gaz s'élève à peu près verticalement, parfois elle retombe, parfois elle s'en détache, échappe à la pesanteur et se perd dans l'espace.

Fréquente également, les *fontaines* : de petits paquets de matière lumineuse semblent se détacher du sommet d'une protubérance. Ils décrivent alors de gracieuses trajectoires courbes pour aller se précipiter dans la chromosphère, comme aspirés par une mystérieuse attraction.

Tous les phénomènes à évolution rapide sont en général étroitement liés aux centres d'activités. Il semblerait que ça ne soit que près des taches que se développent les forces nécessaires pour projeter vers l'extérieur la matière chromosphérique, ou au contraire condenser et attirer vers le bas la matière coronale.

Protubérance fontaine – Source AstroSurf

Chapitre 8 : La Couronne

La couronne solaire est la couche la plus externe de l'atmosphère du Soleil. C'est un plasma de gaz complètement ionisé. Située au dessus de la chromosphère, son gaz devient de moins en moins dense, mais étrangement sa température augmente à nouveau et passe de 10 000 K à environ 2 000 000 K. Cet accroissement de température reste pour le moment encore un sujet d'étude de la physique solaire moderne.

Le gaz chaud de la région de transition puis de la couronne émet des rayonnements ultraviolets et X observables avec des satellites. La région de transition est ainsi observée par l'expérience *EIT* de *SOHO* dans les différentes raies UV produites par des atomes portés à différentes températures. La couronne fait aussi l'objet d'observations par le satellite japonais *YOHKOH*.

La forme de la couronne est très variable, mais on savait dès la fin du 19ème siècle qu'elle oscille entre un minimum et un maximum, en liaison apparente avec l'activité des taches solaires.

Non loin d'un maximum, la couronne est brillante, approximativement ronde, régulière, avec une structure peu marquée. Vers le minimum, au contraire, elle est dans l'ensemble moins brillante. Au voisinage de l'équateur solaire, les jets coronaux se développent, larges à la base mais qui semble s'effiler et se tendre, telles des épées, jusqu'à une distance égales à plusieurs diamètres solaires.

Le 23 juillet 2012, la surface du Soleil a subi deux éjections de masse coronale (CME, Coronal Mass Ejection), d'une ampleur exceptionnelle, espacées de 10 à 15 minutes. Un flux de proton a donc été soufflé puissamment dans l'espace, à une vitesse supérieure à 2000 km/s (la majorité se situe entre 400 et 500 km/s).

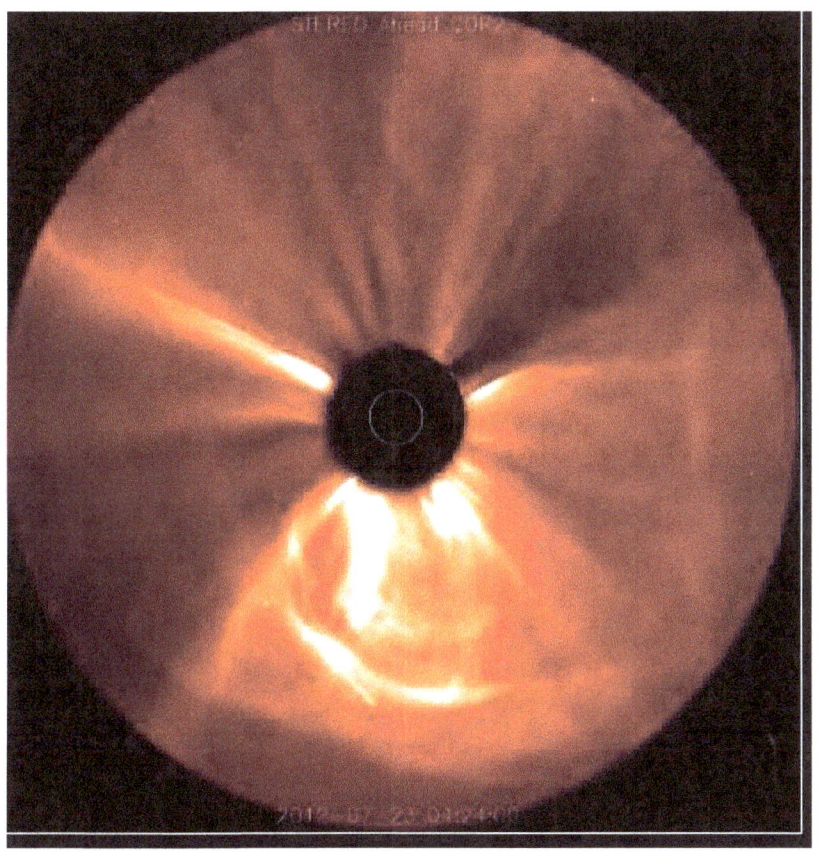

Jets coronaux du 23 juillet 2012 – Futura-Science

L'image ci-dessus et ci-après montre la taille du jet coronal, en comparaison de la taille de la Terre (*Approx. Size of Earth*). On voit bien l'ampleur de l'éjection de matière ionisée. Lors de ce phénomène de Juillet 2012, une émission accrue de rayons ultraviolets et de rayons X se sont dirigés vers l'orbite de la Terre. Notre globe était alors passé au point d'impact entre le vent solaire et l'orbite terrestre neuf jour plus tôt, nous évitant un orage magnétique potentiellement dangereux, même si le bouclier magnétique de la Terre nous protège énormément.

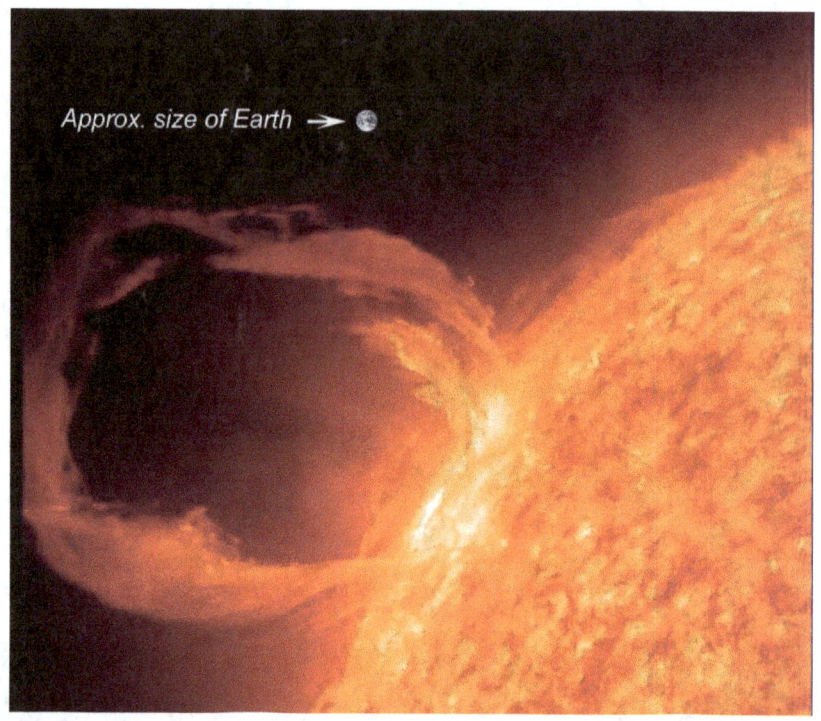

Eruption solaire - Crédits SDO Science Team, NASA

Etudions maintenant les renseignements apportés par la spectrographie. Près du Soleil, la couronne a un spectre continu pur, sur lequel se détachent seulement un petit nombre de raies d'émission dont la plus intense est dans le vert, à la longueur d'onde de 5 303 Angströms. Plus loin le spectre devient analogue à celui de la photosphère avec sa multitude de raies d'absorption. Dans la région intermédiaire, les raies de Fraunhofer apparaissent progressivement mais elles n'ont pas leur contraste normal : le spectre semble lavé par une lumière continue.

Quant aux raies d'émission, elles sont limitées au voisinage immédiat du Soleil, jusqu'à 300 000 kilomètres environ au dessus de sa surface. Leurs intensités sont très variables d'un point à un autre de la couronne et d'une éclipse à l'autre. En général, on ne les observe avec une brillance notable que dans les régions actives du Soleil, les *zones royales*.

Ces résultats suggèrent fortement qu'on se trouve en présence de plusieurs émissions superposées, d'origines différentes. Il y a au moins deux couronnes : l'une émet le spectre continu pur (couronne K), l'autre qui émet le spectre de Fraunhofer (couronne F). Au voisinage du bord solaire, la première est dominante, mais elle décroit rapidement, et la seconde l'emporte à quelques minutes de distance du disque.

Les mesures de polarisation confirment cette séparation en deux couronnes. La lumière blanche polarisée de la couronne interne K ne peut être due qu'à la diffusion du rayonnement solaire par les électrons libres. S'il s'agissait d'atomes ou de molécules, la lumière diffusée serait alors bleu, comme celle de notre ciel. La couronne est donc un gigantesque halo d'électrons. C'est à elle qu'appartiennent les jets et les structures complexes observés.

Le Soleil vu au travers du coronographe SoHo – Unice

C'est elle qui varie au cours du cycle de onze ans, et donne leurs aspects caractéristiques aux couronnes de maximum et de minimum. Les régions capables d'émettre les raies caractéristiques dont nous avons parlé sont simplement les parties les plus denses et les plus chaudes de la couronne interne.

La couronne F est due à la diffusion de la lumière solaire par des particules de dimensions relativement grandes (environ 1 micron), c'est-à-dire, en fait, par de minuscules poussières. Celles-ci constituent un nuage sans structure bien marquée, de forme lenticulaire, ayant sa plus grande extension dans un plan voisin de l'équateur solaire.

Couronne F durant une éclipse solaire

La densité des poussières décroit rapidement lorsqu'on s'éloigne du Soleil, qui les concentre par gravitation.

Cependant, l'auréole solaire ne se limite pas à la partie visible pendant les éclipses totales. Par un ciel pur et sans Lune, on peut observer après le coucher du Soleil et le crépuscule, une bande lumineuse qui s'étend le long du zodiaque, depuis le point de l'horizon d'où le Soleil vient de disparaître et jusqu'à 90°, comme le montre l'image ci-après.

Lumière zodiacale – Crédits : Star Walk

Celle-ci apparait comme un prolongement lointain de la couronne. Ce magnifique spectacle que nous devons encore une fois à la magnifique nature. Les astronomes ont d'abord pensé que nous devions ces poussières permettant ce phénomène, aux astéroïdes. Puis à des comètes. Aujourd'hui, grâce à la sonde *Juno*, la nouvelle responsable serait la planète Mars.

C'est un peu par hasard que la sonde a renseigné les scientifiques sur ces poussières cosmiques. Sans entrer dans les détails ici (il faut se reporter au chapitre des instruments), les images prises montraient de mystérieuses stries.

L'explication contemporaine viendrait des gigantesques tempêtes de sable à la surface de Mars. Juno a donc servi de détecteur de poussière presque à son insu.

Il a toutefois permis aux astronomes de se faire une idée de la distribution de ces poussières entre la Terre et la ceinture d'astéroïdes, se situant entre Mars et Jupiter. Ce nuage semble délimité par la Terre, du fait de sa gravité, et par Mars.

La gravité de Jupiter servant plutôt de bouclier, elle empêche aux poussières du système solaire de s'échapper, et évite celles extérieures de rentrer. Et c'est cette influence de cette barrière et des orbites que les grains de poussière s'orientent de cette manière. John Leif (DMIS) souligne : « Le seul objet que nous connaissons à cet endroit est Mars ! »

Une question reste toutefois en suspend... *Pourquoi cette poussière échappe à la gravité de Mars ?* La question reste ouverte...

Revenons à la couronne électronique et interrogeons nous sur l'état physique de ce gaz dont les électrons libres semblent le principal constituant. N'oublions pas cependant les atomes qui émettent les raies déjà évoquées. *Mais au fait, quels atomes ?*

Pendant 70 ans, cette question est restée sans réponse. On ne connaissait pas de corps capables d'émettre les raies coronales. Certains savants avaient même inventé le terme *Coronium* pour désigner l'élément hypothétique responsable de ces raies, en espérant que l'histoire de l'hélium se répèterait.

Le problème ne fut résolu qu'en 1940 par le physicien suédois Bengt Edlén (1906 – 1993) qui, développant une suggestion de l'astronome allemand Walter Grotrian (1890 – 1954), montra que les raies coronales étaient dues à un élément connu : le fer ! Mais le fer ionisé treize fois (Fe^{13+}) pour la raie verte, et neuf fois pour la raie rouge.

De tels atomes dépouillés ne peuvent exister que dans un milieu où la température énorme et une pression assez faible pour que les ions ne se retrouvent pas aussitôt les électrons qu'ils ont perdu. L'intensité des raies coronales dues à ces atomes montrent que la température de la couronne interne est de l'ordre de 700 000°. Mais la densité y est inférieure à celle des meilleurs vides réalisables en laboratoire sur Terre.

L'observation de la couronne en dehors des éclipses :

En temps ordinaire, notre atmosphère terrestre est sensiblement plus brillante que la couronne et celle-ci est complètement noyée dans un halo éclatant dont les poussières et la légère brume toujours présente dans l'air, même par belles journées, entourent le Soleil.

Mais ce halo atmosphérique est extrêmement variable selon le lieu, le jour ou même l'heure. Le pouce tendu à bout de bras constitue un écran suffisant pour masquer le Soleil et observer la diffusion dans l'atmosphère.

Le ciel conserve toujours un minimum d'éclat, dû à la diffusion par les molécules de l'air, mais cette brillance minimum, voisine du millionième de celle du Soleil, est inférieure à celle de la couronne interne. Les astronomes, désireux de voir la couronne en dehors des éclipses pour essayer de suivre l'évolution de ses phénomènes, ont tenté dès le 19ème siècle des observations de haute montagne.

Jules Janssen (1824 – 1907) installa même pour cela un observatoire au sommet du mont Blanc, à plus de 4800 mètres. Cet observatoire fut englouti par les glaces.

Ce n'est qu'aux alentours de 1930 qu'un jeune astronome de l'observatoire de Meudon, Bernard Lyot (1897 – 1952) mit le doigt sur la cause des échecs antérieurs : il comprit que dans l'observation télescopique du bord solaire, la plus grande partie de la lumière parasite ne provient pas de la diffusion atmosphérique. C'est l'instrument d'observation lui-même qui est responsable.

Les objectifs, mêmes bons, sont généralement entachés de bulles, de rayures et autres défauts de polissage. Les réflexions multiples entre leurs surfaces, la diffraction par leur bord produisent également un voile gênant.

Toutes ces causes de diffusion sont éliminées par le coronographe de Lyot :

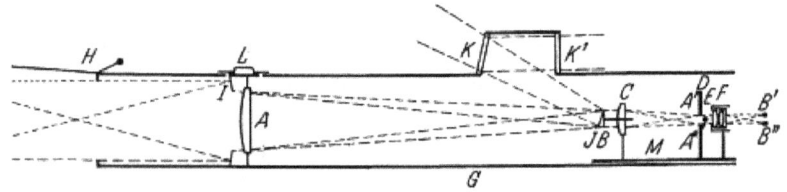

Schéma du coronographe.

C'est simplement une lunette où toutes les causes de lumière parasites ont été détectées et se trouvent éliminées. On peut l'utiliser pour l'observation visuelle ou lui adjoindre une chambre photographique, un spectrographe, un monochromateur, ou tout autre accessoire.

Pour donner à l'instrument le meilleur rendement possible, il convient de l'installer en altitude, où le ciel est souvent plus pur qu'en plaine.

Il existe à travers le monde une dizaine de ces observatoires, mais le premier reste celui de l'Observatoire du Pic du Midi de Bigorre à 2877m.

Depuis novembre 2006, les observations réalisées mettent en œuvre le spectropolarimètre NARVAL. Ainsi le télescope Bernard Lyot est aujourd'hui le seul instrument astronomique au monde principalement utilisé pour l'étude du magnétisme des étoiles.

Télescope de Bernard Lyot, Pic du Midi – Photo : Pascalou Petit

Il devrait intégrer cette année 2023 un spectropolarimètre infrarouge SPIP, copie de SPIRou de l'observatoire Canada-France d'Hawaï.

Cela permettra de rechercher des exoplanètes semblable à la Terre autour d'étoiles de faibles masses, d'étudier la formation des systèmes planétaires et de l'impact des champs magnétiques sur ce processus.

On doit également à Bernard Lyot un autre appareil, nommé *Coronomètre photoélectrique*, permettant d'observer la couronne sans avoir recours au coronographe. Inventé en 1949, il est placé dès 1950 sur le télescope d'un mètre de l'observatoire de Meudon, et est utilisé comme monture équatoriale. Le sélecteur focal est disposé au foyer de la lunette auxiliaire de 16 cm. Le filtre polarisant est le polarimètre photoélectrique sont alignés sur un support placé en diagonale contre la face arrière du barillet du télescope.

Le 28 Février 1950, la première détection de la couronne est réussie. La couronne est mesurée par sa radiation 530,3 nm du FeXIV (raie verte), de 5° en 5°, à 1' du bord tout autour du Soleil.

L'intensité de la raie est exprimée en millionième de l'intensité de 0,1 nm au centre du disque.

Coronomètre de Lyot – Source : Obspm

Suite au décès de Bernard Lyot (lors d'une expédition au Caire), le principe du coronomètre est repris à Meudon par son service. Audouin Charles Dollfuss (1924 – 2010) étudie un filtre polarisant spécial, l'entreprise OPL le réalise et Henri Grenat (1900 – 1968) conçoit une première version de l'appareil.

En 1961, Pierre Charvin (1931 - 1990) est le responsable de la réalisation finale de l'appareil, qui est installé sous une cabane mobile dans le parc de l'observatoire de Meudon. Des observations de la radiation 530,3 nm de la couronne sont effectués, à partir de juin 1962. En 1964, l'instrument est complété pour mesurer la polarisation des radiations coronales.

L'année suivante, Pierre Charvin décide la réalisation d'un nouvel instrument spécialement destiné aux mesures de la polarisation des radiations coronales. Fabriqué sur le modèle coronographe, il est installé au Pic du Midi et fournit ses premiers résultats en 1970.

Chapitre 9 : Dans le Soleil

A première vue, il peut paraître bizarre que nous connaissions l'intérieur du Soleil. Il semble que les profondeurs solaires nous soient inaccessibles….et pourtant !

Nous savons déjà que son diamètre est de 1.4 millions de km, soit 110 fois la Terre. Sa masse est celle de 330 000 masses terrestres.

Au-delà des couches extérieures comme la couronne ou la photosphère, nous arrivons à décrire précisément sa structure.

Le *noyau*, au centre du Soleil, jusqu'à 210 000 km du centre, atteint une température de plus de 15 millions de degrés Celsius. Il est le lieu des réactions de fusion nucléaire, que nous tentons de reproduire sur Terre. Il s'agit de transformer les ions d'hydrogène en hélium. Cette réaction s'arrête quand la température descend à 7 millions de degré. Il représente 50% de la masse du Soleil.

Nous arrivons ensuite dans la *zone radiative*, là où l'énergie est transportée par radiation. Cette région est le siège de nombreuses interactions entre les photons et les différents éléments présent. Ces collisions avec la matière se traduisent pour les photons par des phénomènes d'absorption-réémission (plusieurs millions de fois) qui les ralentissent et les dégradent, leur faisant perdre de l'énergie.

Le temps de diffusion des photons est très long, de l'ordre du million d'années. Ce qui, plus clairement, veut dire que les photons qui nous parviennent ont mis environ 1 million d'année à sortir du Soleil, et 8 minutes pour arriver sur Terre.

La température de la partie la plus externe de la zone radiative est de 2 millions de degrés. Noyau et zone radiative représentent 98% de la masse du Soleil.

La zone suivante est la *zone convective*. Elle se situe entre 480 000 et 690 000 km. Elle représente environ 2% de la masse du Soleil. Le transfert de l'énergie vers l'extérieur se fait grâce aux mouvements turbulents du plasma en place. Des bulles de matière chaude montent, se refroidissent et redescendent. C'est un transport convectif analogue à celui observé dans une casserole d'eau chaude. Ces mouvements sont à l'origine de la granulation observée sur la photosphère.

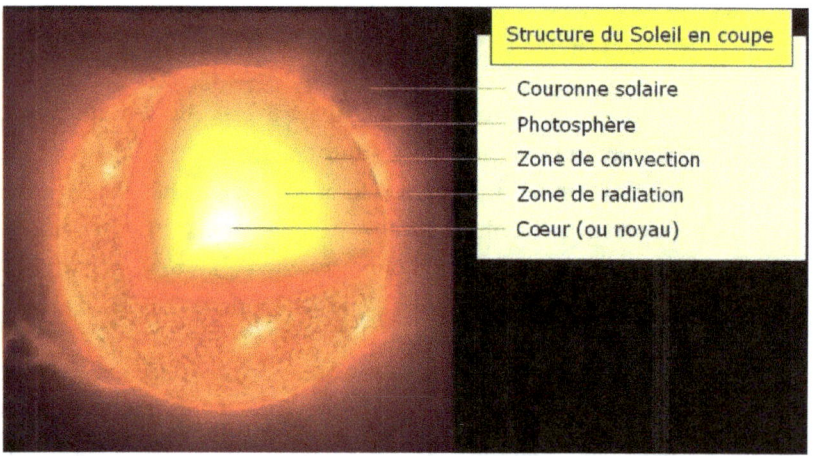

Structure interne du Soleil – Techno-science.net

Comme nous l'avons dit au chapitre précédent, la température d'1 million de degré au sein de la couronne entraîne des chocs entre particules susceptibles d'arracher entre 9 et 14 électrons aux atomes de fer (Fe^{13+} rappelez vous).

Avec les 20 millions de degrés et l'énorme pression qui règne au centre des étoiles, les atomes ne peuvent conserver qu'un seul électron. Perpétuellement entrechoqués, les atomes perdent leur intégrité, les noyaux et les électrons sont séparés. Les noyaux ainsi libérés peuvent se livrer aux réactions nucléaires les plus variées. Seules vont nous intéresser ici celles qui mettent en jeu les éléments abondants, tel l'hydrogène.

On remarqua depuis assez longtemps que si on pouvait fabriquer de l'hélium en réunissant des atomes d'hydrogène, on récolterait sous forme d'énergie lumineuse 8 pour mille (donc 0.8%) de la masse de l'hydrogène mise en jeu. Cette réaction pourrait être la source d'énergie du Soleil et des étoiles, dont l'hydrogène est le constituant essentiel.

En 1938, le physicien américain Hans Albrecht Bethe (1906 – 2005), et indépendamment l'allemand Carl Friedrich Von Weizsäcker (1912 – 2007), ont suggérer un mécanisme pour la transformation de l'hydrogène en hélium, mécanisme assez complexe dans lequel d'autres élément, en particulier le carbone, servent d'intermédiaire, ou, comme on le dit en chimie, de catalyseur.

Le cycle du carbone est le suivant :

1- $Carbone^{12}$ + Proton = $Azote^{13}$ + énergie

2- $Azote^{13}$ = $Carbone^{13}$ + énergie

3- $Carbone^{13}$ + Proton = $Azote^{14}$ + énergie

4- $Azote^{14}$ + Proton = $Oxygène^{15}$ + énergie

5- $Oxygène^{15}$ = $Azote^{15}$ + énergie

6- $Azote^{12}$ + Proton = $Carbone^{12}$ + hélium

Les chiffres indiquent les poids atomiques des différents isotopes de chaque élément. L'azote[13] et l'oxygène[15] sont radioactifs et se dissocient spontanément. Ces réactions produisent 88 millions de fois plus d'énergie que la combustion de l'hydrogène pour donner de la vapeur d'eau.

Le lecteur constatera que le bilan de ce cycle compliqué se réduit à la transformation de 4 noyaux d'hydrogène en 1 noyau d'hélium. La théorie quantique montre que la probabilité du déroulement de ce cycle est extrêmement variable avec la température : Il ne peut se produire que dans les régions les plus chaudes du centre des étoiles. H.A. Bethe ayant montré que la série de réactions proposées pouvait rendre compte du débit d'énergie du Soleil et de la plupart des étoiles, compte tenu des modèles couramment admis pour celles-ci, le cycle du carbone fût considéré pendant longtemps comme la source certaine de l'énergie stellaire.

Mais avec les progrès de l'astronomie, il est apparu un phénomène étrange. Des étoiles géantes, et leur taille ne permettent pas le fonctionnement du cycle du carbone. Il a donc fallu inventer une autre source d'énergie. Et on a trouvé la réaction *proton-proton*, la formation d'un noyau de *deutérium* à partir de deux noyaux d'hydrogène.

Synchrocyclotron d'Orsay

Si nous devions résumer :

Dans les régions centrales du Soleil, plus denses et plus chaudes, des réactions de fusion transforment donc 4 noyaux d'hydrogène (*protons*) en un noyau d'hélium ^{4}He, élément qui est particulièrement stable. Cet élément libère une énergie compensant celle qui s'échappe par la surface.

Cette énergie est émise et transportée sous la forme de *photons*, qui sont des particules fondamentales sans masse ni charge électrique, accompagnés de *neutrinos*, particules de masse très faible et de charge électrique nulle.

Comme toutes les étoiles, le Soleil est un formidable réacteur nucléaire. En son cœur, la fusion nucléaire bat son plein, au cours de laquelle l'hydrogène est transformé en hélium. La température du centre est voisine des 15 millions de degrés, et la densité y est de 150 fois celle de l'eau, soit 150g/cm^3. La transformation est complexe et se déroule en trois étapes :

1 : Deux protons interagissent pour former un deuton (noyau de deutérium). Au cours du processus, un proton est transformé en neutron, en émettant un positron (un électron de charge positive) et un neutrino.

2 : Un deuton se combine avec un proton pour former de l'hélium 3 en libérant de l'énergie sous forme de rayonnement gamma.

3 : Deux noyaux d'hélium fusionnent pour former de l'hélium 4 en éjectant 2 protons.

La réaction dégage de l'énergie car la masse du noyau produit est inférieure à la somme des masses des noyaux initiaux.

Cette différence est donc transformée selon la célèbre formule d'Albert Einstein $E = mc^2$. Ces réactions ne se déclenchent que si la température et la pression sont suffisamment élevées pour que deux protons, de même charge, fusionnent.

Dans le cœur du Soleil, ce sont 620 millions de tonnes d'hydrogène qui sont transformées en 615,7 millions de tonnes d'hélium, chaque seconde ! La différence est convertie en énergie rayonnée vers l'extérieur.

Cette réserve d'énergie permet d'estimer la durée de vie du Soleil à environ 10 milliards d'années. Par ailleurs, grâce à une mesure de la radioactivité des roches terrestres, nous savons que notre planète, et donc approximativement notre étoile, sont âgées de 4.6 milliards d'années. Le Soleil en est donc à peu près à la moitié de sa vie.

Notre exploration de la physique solaire s'achève ici. Nous avons rencontré des phénomènes aussi bien époustouflants que magnifiques qui font le charme de l'astronomie et de l'astrophysique.

Terminons par une citation de Baudelaire :

Que le Soleil est beau quand tout frais il se lève

Comme une explosion nous lançant son bonjour

Le Soleil vu sous différentes longueurs d'ondes – Source : NASA/GSFC SVS

Livre 4 : Les mondes du Système Solaire

Chapitre 1 : La planète Mercure

Pour faire la description du système planétaire, nous explorerons le système solaire depuis le Soleil vers l'extérieur. Nous avons déjà, au livre précédent, apprécié la grandeur de notre Soleil. Nous avons aussi étudié la troisième planète, notre belle planète bleue, fragile, et accompagné de la Lune.

Commençons donc par la planète la plus proche du Soleil, Mercure. Son rang n'est plus contesté aujourd'hui, mais au 19ème siècle, l'existence d'astres intramercuriaux, dont l'existence, affirmée par les uns, niée par les autres, mérite que nous nous y arrêtions un instant.

Il y a presque deux siècles maintenant, l'astronome français Urbain Jean Joseph Le Verrier (1811 – 1877) s'était proposé de dresser des tables du mouvement des planètes principales, en tenant compte des perturbations qu'elles exercent les unes sur les autres. Tache écrasante, puisqu'elle exigeait la mise en œuvre de deux siècles d'observation.

Cette tache devait occuper Urbain Le Verrier jusqu'à sa mort en 1877, mais dès le début de ses recherches, un obstacle inattendu l'arrêta :

Il lui parut impossible de représenter rigoureusement les observations de Mercure à l'aide seule de la théorie des perturbations. Pour rétablir l'accord avec le calcul, il fallait attribuer au périhélie de Mercure (l'endroit où elle est le plus proche du Soleil) une avance séculaire d'une quarantaine de secondes, en supplément de celle déjà prévu par la théorie.

Parmi les hypothèses plausibles que Le Verrier formula pour résoudre cette énigme sans mettre en cause la loi de Newton, il s'attacha plus particulièrement à celle d'une planète inconnue, gravitant entre le Soleil et l'orbite de Mercure, et exerçant sur cette dernière les perturbations sensibles observées.

Déjà en 1845 il avait expliqué les écarts constatés dans l'orbite d'Uranus, par le trouble apporté par l'attraction d'une autre planète, dont il était parvenu à déterminer la position. Cette planète hypothétique fut effectivement découverte en 1846. Nous y reviendrons lors de la description de Neptune. Mais ce succès le classa définitivement parmi les plus grands astronomes.

Le Verrier s'efforça donc de renouveler l'exploit à l'occasion des perturbations inexpliquées de Mercure, et sa foi dans une seconde victoire ne l'abandonna jamais. Le 22 décembre 1859, un médecin de campagne, grand amateur d'astronomie, le Dr Edmond Modeste Lescarbault (1814 – 1894), observa, depuis son observatoire à Orgères-en-Beauce, une petite tache bien ronde et bien noire, qu'il supposa être le disque d'une planète. Le Verrier demanda alors à tous les astronomes de surveiller attentivement le Soleil. Il instruit toutes les archives des observatoires et les publications astronomiques, et en 1876, au moyen de six observations du même genre que celle effectuée par le Dr Lescarbault de 1802 à 1862, il calcula l'orbite de cette planète, nommé Vulcain.

Un passage le 22 mars 1877 fut annoncé. Toutes les lunettes furent dirigées vers le Soleil, mais aucune planète ne s'y montra. Même lors d'éclipses totales, l'exploration des alentours du Soleil n'ont rien donné. Ces recherches sont aujourd'hui abandonnées.

La mécanique céleste restait donc impuissante à rendre compte du mouvement du périhélie de Mercure, la précession du périhélie de

Mercure comme l'appelle les astronomes. Jusqu'en 1915, lorsqu'Albert Einstein formula sa théorie de la relativité générale. Il montra en effet que la loi de Newton est justifiée à un très haut degré d'approximation dans les régions du système solaire les plus éloignées de l'astre central, mais qu'à faible distance, les effets de la gravitation n'obéissent plus à une loi élémentaire d'une nature aussi simple.

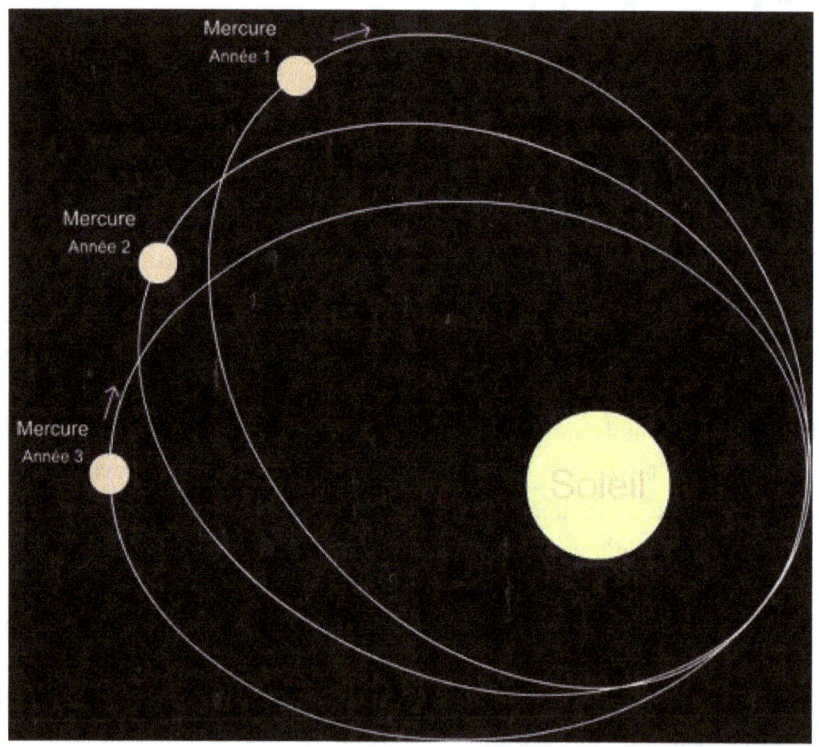

Précession du périhélie de Mercure

Il faut alors apporter aux résultats des calculs de légères corrections, portant principalement sur le déplacement séculaire des périhélies.

On peut évaluer ces corrections en fonction de grandeurs bien connues, parmi lesquelles la vitesse de la lumière. On trouve ainsi pour le périhélie de Mercure une avance séculaire de 42,980 ± 0,001 secondes d'arc par siècle. Il faut donc 2.8 millions d'années, ou 12 millions de révolutions, pour un excès d'un tour. Cela paraît peu, mais ce résultat confirme la suprématie de la théorie d'Einstein face à celle de Newton, qui reste toutefois plus simple et de bonne approximation.

Mercure est situé à environ 58 millions de kilomètres, mais en réalité il varie entre 0.31 et 0.47 ua (unité astronomique), soit entre 46 et 70 millions de kilomètres. Elle tourne d'ailleurs autour du Soleil en 88 jours, et tourne su elle et parcourt son orbite, intérieure par rapport à celle de la Terre, et qui, conformément à la première loi de Kepler, est une ellipse dont le Soleil occupe un des foyers.

Son excentricité, c'est-à-dire la distance du centre de l'ellipse au foyer, atteint 12 millions de kilomètres. Elle s'exprime en fraction du demi grand axe, ici elle vaut 0.206. A noter que Mercure est, avec Pluton, l'objet du système solaire ayant la plus grande excentricité.

Mercure, en fausse couleur par Messenger – Crédit : NASA

Mercure est doté d'un énorme noyau de fer, d'un champ magnétique inattendu, d'une activité tectonique unique, et on suspecte même de la glace au fond de ces cratères polaires.

Le survol de Mercure par des sondes spatiales n'a été possible que deux fois pour le moment. La première, Mariner-10, obtient les premières photos en 1974-1975. La sonde de la NASA, Messenger (pour **ME***rcury* **S***urface* **S***pace* **EN***vironment* **GE***ochemistry* and **R***anging*), qui, en orbite entre 2011 et 2015 effectue pour la première fois une étude détaillée de la planète la plus proche du Soleil.

Mercure fait l'objet d'une très grande attention de la communauté scientifique européenne depuis la sélection du projet de mission ESA BepiColombo (Europe et Japon). Partie le 19 octobre 2018, elle devrait se placer en orbite autour de Mercure en décembre 2025.

Cette sonde pourra peut-être répondre aux interrogations des scientifiques, surtout concernant l'origine du champ magnétique, l'interaction de la magnétosphère et le vent solaire, l'histoire volcanique de la planète, ou encore la nature de ces fameux « hollows », zones brillantes, bleues, et active à la surface.

Comme la Lune, Mercure ne possède pas d'atmosphère, raison pour laquelle elle n'est pas, malgré sa proximité avec le Soleil, la planète la plus chaude du système solaire. Les variations de températures dues à cette absence varie entre 430°C le jour et -170°C la nuit.

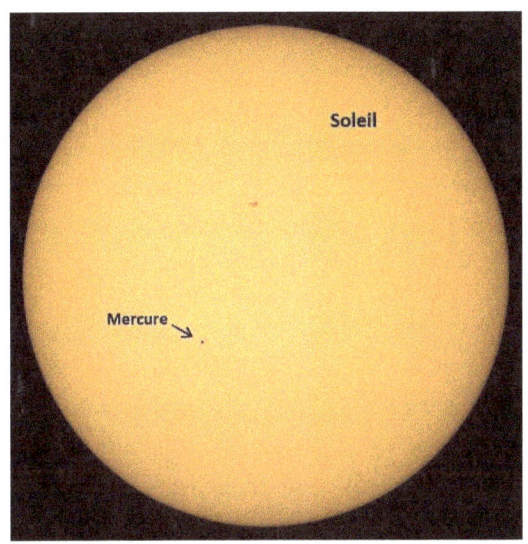

Mercure comparé au Soleil – Crédits : Elijah Mathews

Son mouvement rapide et sa petite taille, son rayon est de 2439 km (0.383 celui de la Terre, soit environ un tiers), nous semble joué à cache-cache avec nous. Il ne paraît que pour disparaitre, brille un instant le soir en se couchant, se replonge dans les rayons solaires, et revient le matin à l'Orient. Une fois astre du matin, une fois astre du soir. Les Anciens pensaient qu'il s'agissait de deux objets différents.

Ptolémée dû faire une entorse au principe de géocentrisme pour mettre Mercure à sa place, proche du Soleil. Même s'il n'arriva jamais à définir son mouvement, tellement l'excentricité est importante, loin d'un cercle.

L'agilité de cette planète lui a fait donner des attributs correspondants : On lui a mis des ailes aux pieds, et c'est devenu le messager des dieux. C'était aussi le dieu des commerçants, des médecins et des…voleurs. Son caducée, qui orne encore aujourd'hui certaines officines des pharmaciens, a fourni le symbole par lequel il est représenté dans les éphémérides.

Si Mercure et la Terre tournaient dans un même plan autour du Soleil, la planète passerait sur le disque solaire trois fois par an en moyenne. Mais Mercure est sur un plan incliné de l'écliptique de 7°, et pour que son globe passe juste devant le Soleil, il faut que la conjonction arrive sur la ligne d'intersection des deux plans, appelée *ligne des nœuds*. La Terre traverse elle-même cette ligne chaque année, le 8 ou le 9 mai, puis le 10 ou le 11 novembre.

La surface du sol de Mercure ressemble à celle de la Lune, mais ayant reçu plus d'impacts d'astéroïdes. Cette similitude ne résulte pas d'une analogie plus ou moins intuitive, elle a été démontrée par le travail des astrophysiciens, elle résulte de l'analyse de la lumière diffusée. Et cette analyse, avant celles des sondes spatiales, révélaient des similitudes avec la lumière de la Lune.

On a mesuré son débit, c'est-à-dire l'éclat de la planète, avec un photomètre. En additionnant convenablement les intensités de la lumière diffusée dans chaque direction, on peut estimer l'intensité totale renvoyé par la planète dans toutes les directions : c'est l'*albédo*. L'albédo de Mercure est de 0.068. Il est encore un peu plus faible que celui de la Lune, dans l'ensemble le sol est donc un peu plus sombre.

Chapitre 2 : La planète Vénus

Deux mondes gravitent entre la Terre et le Soleil : le premier, Mercure, que nous venons d'étudier. Le second, Vénus. Mercure est situé à 58 millions de kilomètres du Soleil, la Terre 150 millions, Vénus est en moyenne à 108 millions de kilomètres.

Vénus s'est très certainement formée en même temps que les autres planètes telluriques du système solaire, soit il y a environ 4.5 milliards d'années. On l'appelle parfois la jumelle de la Terre, tant elles sont proches. Sa taille est d'environ 95% celle de la Terre, sa masse est de l'ordre de 81.5%. Mais elle est aussi bien différente sur bien des points.

Son champ magnétique est bien plus faible, et elle possède une atmosphère très épaisse, composée à 96% de dioxyde de carbone. La pression atmosphérique est ainsi 92 fois supérieure à celle de la Terre. C'est à peu près ce qu'un humain pourrait ressentir 900m sous le niveau de la mer.

Sa proximité avec le Soleil a permis aux anciennes civilisations de s'apercevoir la dualité de Venus, parfois visible le soir à l'Ouest, et d'autre matin à l'Est. L'astre de l'aurore était *Phosphorus*, ou *Lucifer* (dans sa traduction latine : porteuse de lumière). L'astre du soir était *Hesperus* ou *Vesper*. Bien que déjà connue des babyloniens, l'unicité de cette « double apparition » fut reconnue par le mathématicien et astronome Pythagore de Samos (vers 550 Av. JC), improprement appelée *Etoile du Berger*.

Il faudra attendre les romains pour lui attribuer le nom de la déesse de la beauté et de l'amour vers le premier siècle avant notre ère.

Vénus est la seule planète du système solaire à tourner dans le sens des aiguilles d'une montre. Cette particularité lui vaut la définition d'une rotation rétrograde, par rapport à toutes les autres, qui tournent dans le sens trigonométrique.

Un jour sur Vénus est égal à 243 jours terrestres. Mais il lui faut à peine 225 jours terrestres pour faire le tour du Soleil. Tout comme Mercure, l'année sur Vénus dure moins longtemps qu'une journée.

Son orbite est quasi circulaire, la distance la séparant du Soleil ne varie que de 107 à 108 millions de kilomètres environ (de 0.718 à 0.728 unité astronomique).

Comme nous l'avons dit plus haut, son atmosphère est épaisse, et composée majoritairement de dioxyde de carbone. Ceci créant un effet de serre bien connu, même sur notre planète, Vénus arrive donc en tête de la planète la plus chaude du système solaire, malgré que Mercure soit plus proche. Les nuages de Vénus contiennent aussi de l'acide sulfurique, l'acide présent dans les batteries automobiles. Cette substance corrosive se condense dans la haute atmosphère, puis retombe sous forme de pluie acide. Toutefois, l'énergie solaire piégée par cette atmosphère chauffe la planète à une température constante de 450°C Ce qui fait que l'acide s'évapore avant d'atteindre la surface.

La planète Vénus

Elle montre une très forte activité volcanique, et possède très certainement plus de volcans que notre planète. Les scientifiques n'ont jamais observés de coulées de lave actives. Ils estiment toutefois que 80% de la planète est recouverte de plaines volcaniques lisses, vestiges de coulées de lave anciennes.

La découverte de son atmosphère date du 26 mai 1761, on la doit au scientifique russe Mikhaïl Vassilievitch Lomonossov (1711 – 1765), qui observa la planète lors de son transit devant le Soleil, depuis l'observatoire de Saint-Pétersbourg. Son existence a été déduite de la mise en évidence d'un effet de réfraction de la lumière solaire à ce moment là, et ne pouvait s'expliquer que par la présence d'une épaisse atmosphère.

Sonde Mariner 2, qui survola en premier Vénus – National Air and Space Muséum

Mais il fallu attendre 1962 pour qu'une sonde américaine, Mariner 2 survole Vénus pour la première fois. Et 1970 pour qu'un robot se pose à sa surface. Seulement, en raison de la pression atmosphérique, 90 bars rappelons le, et des conditions climatiques extrêmes, aucun atterrisseur n'a pu résister plus de 127 minutes.

Toutefois, dès 1958, des radioastronomes avaient capté des signaux provenant de l'atmosphère vénusienne, suggérant une température de l'ordre de 600 Kelvins (326.85°C), proche du point de fusion du plomb (327.5°C). On l'estime aujourd'hui plus proche des 450-480°C.

Ces informations ont été confirmées par l'atterrisseur Vénéra 7, engin russe qui nous transmettra une pression effectivement de 90 bars, et d'une température de 475°C, à 20° près.

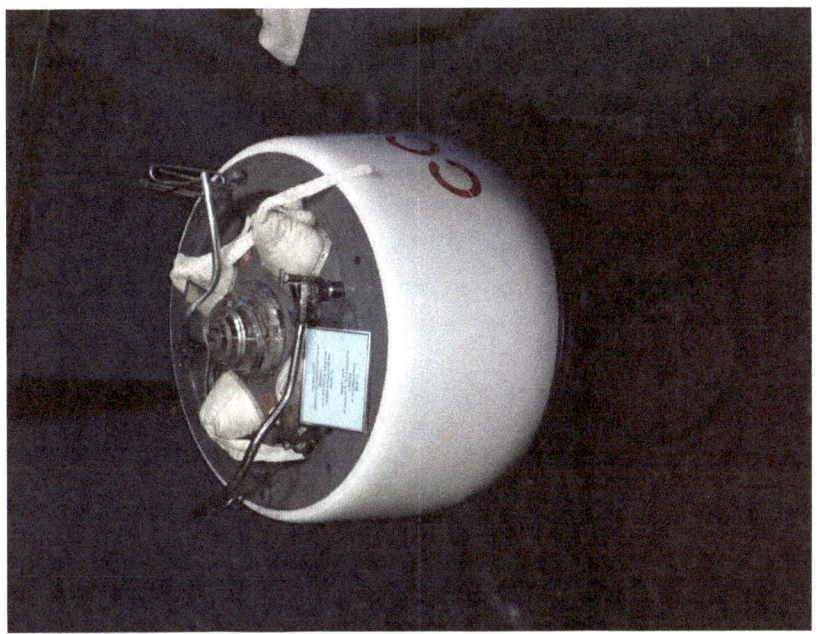

Atterrisseur Vénéra 7 qui s'est posée sur Vénus – Source : Wikipédia

La première cartographie radar complète à relativement haute résolution de l'étoile du Berger a été effectuée grâce à la sonde Magellan de la Nasa, à partir de 1990 jusque dans les années 2004, marquant la fin de la mission.

Mais c'est l'étude de cette atmosphère qui a surpris l'ensemble de la communauté scientifique. En effet, celle-ci est dans un état dit de *super-rotation*, c'est-à-dire que son atmosphère tourne autour de la planète en 4 jours, ce qui est extrêmement peu en comparaison de la longueur de sa journée, ou même de son année.

Les vents vénusiens dépassent les 300 km/h. Mais ils ne suffisent pas à expliquer ce phénomène. Une réponse pourrait venir de l'agence spatiale japonaise (*JAXA*), avec la sonde *Akatsuki*, lancée le 20 mai 2010 par une fusée *H-IIA*.

Ses observations ont permis d'étudier dans l'infrarouge et l'ultraviolet cette atmosphère toute particulière. Les résultats mettent en évidence des mouvements de nuages rapides, mais aussi un effet de marée assez particulier. Il s'agit de forces de marées thermiques.

Face au Soleil son rayonnement, l'atmosphère tend à se dilater alors que c'est le contraire pour le côté obscur. Il se produit alors des transferts de chaleur entre les deux faces, et surtout un réajustement des pressions de sorte que l'atmosphère se renfle presque perpendiculairement à la direction du Soleil.

C'est sur ce renflement que les forces de marée du Soleil vont agir avec, comme effet final, de maintenir le couple qu'elle exerce, la super-rotation.

Sonde Akatsuki japonaise – Illustration Futura Sciences

Dernière particularité pour conclure : le transit de Vénus devant le Soleil, vue de la Terre, se produit une fois, puis se reproduit 8 ans après, et il faut attendre environ 100 ans avant d'en revoir un. Puis à nouveau 8 ans, puis 100ans, dans un cycle quasi périodique.

Par exemple, pour ce siècle, on a eu un premier transit le 8 juin 2004, un autre le 6 juin 2012, et le prochain serait dans 105 ans cette fois ci.

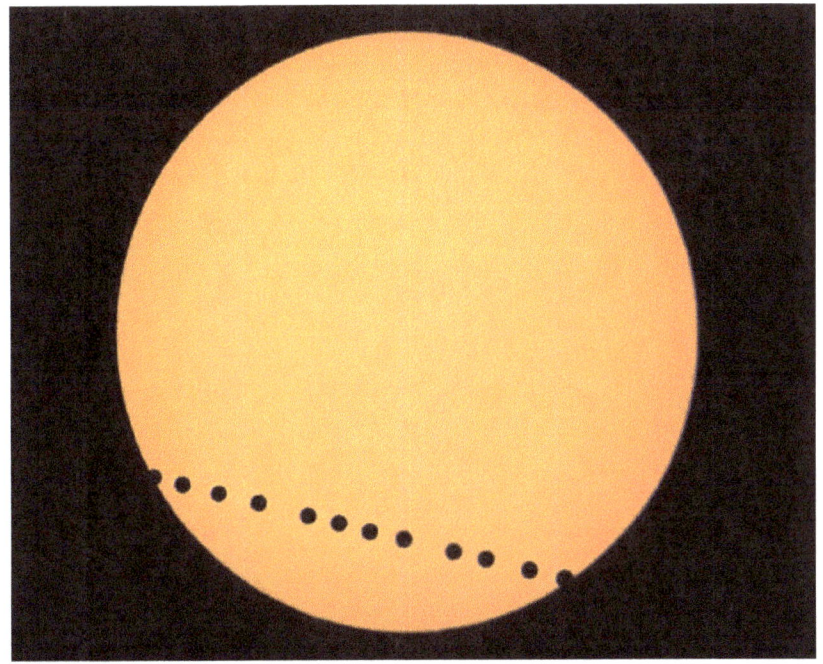

Les phases du transit de Vénus – Futura Sciences

Chapitre 3 : La planète Mars

La planète Mars, dont la lumière rougeâtre nous rappelle un feu lointain, attire immédiatement le regard lorsqu'elle culmine au milieu de la nuit parmi les constellations zodiacales. Elle est l'une des quatre planètes tellurique du système solaire.

On l'appelle planète rouge car sa surface rocheuse et désertique est recouverte d'une poussière riche en oxyde de fer de couleur rougeâtre.

Son rayon est d'environ moitié moindre que celui de la Terre (53,3%) soit 3 396,2 km. Mais même si son volume représente 15% de celui de la Terre, elle correspond à seulement 11% de la masse de notre chère planète.

Mars et la Terre représentées de façon réaliste – Source : NASA

Notons que les sommets les plus hauts du système solaire se trouvent sur Mars. Certainement le plus connu est l'Olympus Mons, le mont Olympe, haut de ses 22,5 kilomètres, près de 3 fois l'Everest.

Avec son apparence de « petite Terre », elle tourne forcément plus longuement autour du Soleil, elle en est éloignée d'environ 225 millions de kilomètres (son périhélie est à 206 millions de km, son aphélie à 249 millions). Malgré tout, sa rotation sidérale reste proche de la Terre avec environ 1,07 jour.

Mais son orbite est fortement elliptique, son excentricité est de 0,093 contre 0,017 pour notre planète.

Elle effectue, par contre, sa rotation autour du Soleil en 668 jours, presque 2 ans terrestres.

En raison de sa grande distance au Soleil, les températures de la surface sont sensiblement plus basses que sur la Terre, malgré une atmosphère composée à près de 95% de dioxyde de carbone. La moyenne de ces températures est situé entre -133°C et +17°C. Sa forte excentricité permet toutefois des variations, et pendant l'été, dans l'hémisphère sud, une élévation de 30°C a été mesurée. Mars est en effet 20% plus proche du Soleil à ce moment là.

En 1877, l'astronome américain Asaph Hall (1829 – 1907) découvre les deux seuls satellites connus de Mars, *Phobos* et *Déimos* (*Terreur* et *Frayeur*, en grec). Ils sont assez petits, sombres, et très proche de leur hôte. Ils tournent dans le même sens, en rotation synchrone et, comme la Lune avec la Terre, ne montre que la même face à Mars.

La surface de Mars est caractérisée, d'une part, par une assez grande diversité de formes de relief (cratères de météorites, volcans géants, canyons profonds, immenses réseaux de vallées fluviatiles, champs de dunes, importants systèmes de failles, calottes glaciaires aux pôles), d'autre part, par une dissymétrie morphologique et topographique majeure entre les hémisphères Nord et Sud.

La dissymétrie hémisphérique se manifeste de part et d'autre d'un grand cercle incliné de 35° sur l'équateur. Du point de vue morphologique, cette dissymétrie est marquée par la présence de nombreux cratères de météorites qui font ressembler l'hémisphère Sud de la planète à la surface lunaire, et par celle de plaines peu cratérisées au nord.

Du point de vue topographique, cette dissymétrie se manifeste par une différence d'altitude pouvant atteindre de 2 à 3 kilomètres, les plaines de l'hémisphère Nord étant sensiblement plus basses que les terrains rempli de cratères de l'hémisphère Sud. L'origine de cette dissymétrie est encore inexpliquée ; elle pourrait correspondre à une limite structurale ou à une limite d'érosion.

Il existe par ailleurs d'importantes différences d'altitude, pouvant atteindre 30 kilomètres. Les altitudes sont définies par rapport à un niveau de référence (niveau 0) qui, en l'absence d'océans comme sur la Terre, correspond à une pression atmosphérique de 6,1 hPa au sol, déterminée à l'équateur à partir de mesures dans l'infrarouge réalisées en orbite par la sonde *Mariner-9* entre le 14 novembre 1971 et le 27 octobre 1972.

Ces mesures altimétriques sont complétées par des observations radars depuis la Terre.

La région la plus élevée est celle du dôme de *Tharsis*, sur lequel sont situés trois volcans géants culminant en moyenne à 26 kilomètres d'altitude.

Comparée à ce que nous connaissons sur la Terre, cette région de la planète Mars a la taille d'un continent. Une autre région, *Elysium Planitia*, domine de 4 à 5 kilomètres les plaines environnantes. Il s'agit là aussi d'un large dôme de 1500 kilomètres de diamètre supportant également des volcans, moins importants cependant que ceux de la région de Tharsis.

Au sud de l'équateur martien, le système de canyons de Valles *Marineris* est constitué par des vallées profondément encaissées (6 km de profondeur moyenne) qui s'étendent d'est en ouest sur plus de 5 000 kilomètres de longueur.

Olympus Mons, 22 kilomètres d'altitude – Futura Sciences

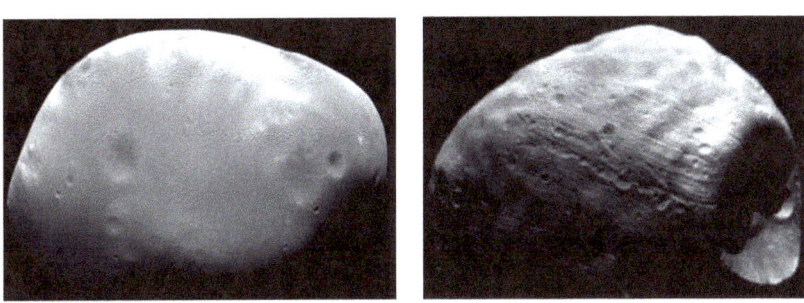

Déimos (à gauche) et Phobos (à droite) – Futura Sciences

Les différences de composition chimique entre Mars et ses deux satellites naturels rendent peu probable une simultanéité dans leur formation. Il semblerait que Phobos et Déimos se soient formés dans la partie extérieure de la ceinture d'astéroïdes, puis qu'ils aient été capturés ultérieurement par Mars.

Il existe sur Mars des traces d'apparence peu marquée, rectilignes ou de courbure régulière, qui ont fait l'objet de bien des controverses à la fin du 19ème et au début du 20ème siècle. Giovanni Virginio Schiaparelli (1835 – 1910) en observa environ une centaine à partir de 1877 et les décrivit comme étant des *canaux*.

D'autres observateurs avaient déjà remarqué de semblables traces, mais ce fut G.V. Schiaparelli qui, par ses articles, suscita un intérêt général. L'astronome américain Percival Lawrence Lowell (1855 – 1916) devint le chef de file de ceux qui attribuaient ces traces à des bandes de végétation, larges de plusieurs kilomètres, encadrant des fossés d'irrigation creusés par des êtres intelligents pour acheminer de l'eau depuis les calottes polaires de la planète.

P.L. Lowell et d'autres astronomes décrivirent des réseaux de canaux, parsemés d'intersections de couleur plus sombre, baptisées oasis, qui couvraient une grande partie de la surface de la planète.

De temps à autre, les lignes paraissaient se dédoubler. La plupart des astronomes ne parvinrent pas à voir les canaux, et nombreux furent ceux qui mirent en doute leur réalité objective.

Des expériences de perception, effectuées avec des observateurs non entraînés, montrèrent que des détails disjoints figurant sur des diagrammes ou des dessins peuvent être perçus comme formant des réseaux rectilignes lorsqu'on les observe à une certaine distance. Les photographies prises à travers l'atmosphère terrestre n'apportaient aucune certitude, les canaux ayant une largeur voisine de la limite de résolution de l'œil humain et inférieure à celle d'une plaque photographique.

La querelle fut finalement tranchée lorsque les sondes spatiales américaines Mariner-4, en 1965, puis Mariner-6 et Mariner-7, en 1969, réussirent à acquérir des images de la surface martienne, d'une altitude de quelques milliers de kilomètres. Ces images révélèrent de nombreux cratères et autres détails topographiques, mais rien qui ressemble à un réseau de canaux. Ce fait sera confirmé par les missions spatiales ultérieures, Viking en premier lieu, lancées en 1976.

L'exploration martienne a ensuite été interrompue pendant une vingtaine d'années, à l'exception des quelques tentatives infructueuses comme les sondes soviétiques Phobos 1 et Phobos 2, perdus lors de leur voyage, et Mars Observer, perdue également en 1993.

Notons la présence humaine sur la surface de Mars, tout du moins une présence par robots construits par l'Homme.

Les plus connus, les plus médiatiques, sont sans nul doute *Curiosity*, *Opportunity* et *Perseverance*. Il y en a d'autres, qu'un prochain ouvrage pourrait détailler.

Ces Rover, se baladant sur la surface de la planète rouge, sont de véritables laboratoires qui nous renseignent sur notre plus proche voisine. Regardons cela d'un peu plus près.

Commençons par le plus ancien des trois : *Opportunity* :

Lancé le 7 juillet 2003, il s'est posé le 25 janvier 2004. Et après 45,16 kilomètres parcourus, le Rover prend son dernier contact le 10 juin 2018 avec la Terre.

Sa mission a duré précisément 14 ans, 11 mois, 1 jour, 20 heures, 41 minutes et 45 secondes.

Sa mission principale était l'analyse des roches dans le but de trouver des minéraux, et pourquoi pas de l'eau, dans le sol martien. Il a mis en évidence que Mars a dû connaitre une période de vie microbienne, et la présence passée d'eau à sa surface.

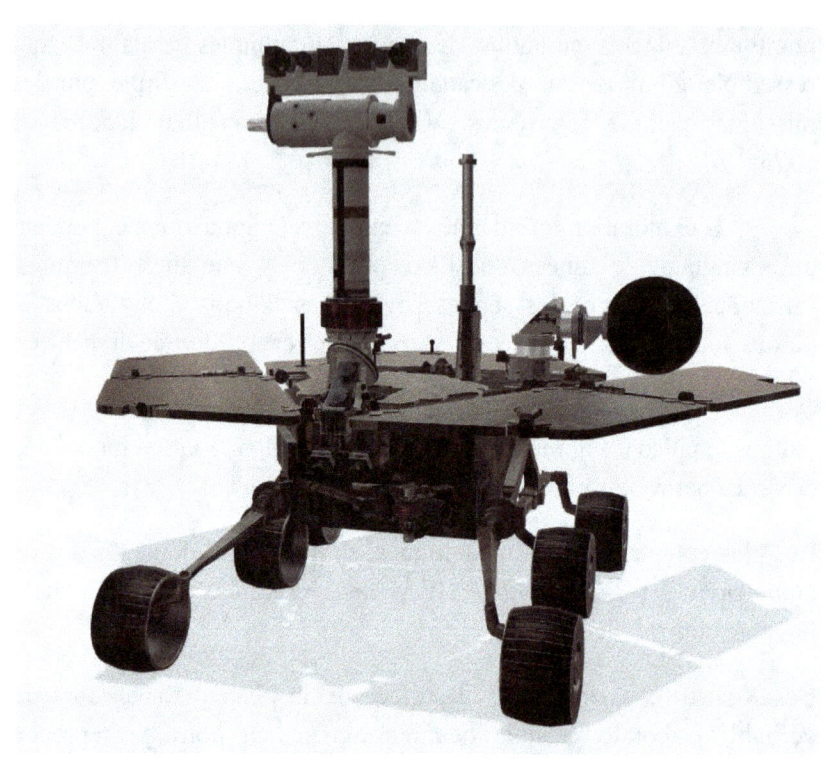

Vue 3d d'Opportunity – Crédit : NASA/JPL/VTAD

Vient ensuite le plus connu : *Curiosity*.

Curiosity sur Mars, Mont Mercou – Crédit : NASA/JPL Kevin M. Gill

Lancé le 26 novembre 2011, et après un voyage de 8 mois, il se pose enfin sur Mars, dans le cratère Gale. Toutes les photos prises par ce Rover sont envoyées à l'orbiteur qui le survole plusieurs fois par jour, et sont ensuite transmises à la Terre.

Il embarque dix instruments scientifiques pour, entre autres, la détection de traces d'eau, d'analyser précisément les roches, et prendre des photographies à haute résolution.

On peut retrouver *MAHLI* (Mars Hand Lens Imager), une caméra microscope.

MastCam, un ensemble de deux caméras fournissant des images dans le spectre visible ainsi que dans l'infrarouge proche.

MARDI (MARs Descent Imager), caméra couleur qui pris des images lors de la descente de Curiosity depuis la zone de largage jusqu'au sol. 5 photos par secondes ont été prises durant les 100 secondes de descente, depuis l'altitude de 3,7 km.

ChemCam (pour **Chem**istry **Cam**era) qui permet l'analyse spectroscopique des roches trouvées sur place. La ChemCam a été conçu à l'IRAP, l'Institut de Recherche en Astrophysique et Planétologie, située à Toulouse. Le groupe Thales ainsi que le CEA (Commissariat à l'Energie Atomique) ont contribués au projet.

ChemCam, embarquée sur Curiosity – Crédit : NASA/JPL/Caltech/LANL

On trouve aussi *l'APXS*, (**A**lpha-**P**article-**X**-ray-**S**pectrometer), spectromètre à rayons X qui mesure l'abondance des éléments chimiques lourds dans les roches.

CheMin, pour l'analyse minéralogique des roches par diffraction X et fluorescence de rayons X.

SAM (**S**ample **A**nalysis at **M**ars), pour l'habitabilité présente et passée de la planète. Composé d'une suite d'instruments, un chromatographe en phase gazeuse, un spectromètre de masse à quadrupôle, un spectromètre laser réglable, un système de préparation d'échantillons, un système de manipulation d'échantillons, et un ensemble de pompe et purge.

RAD (**R**adiation **A**ssessment **D**etector), utile dans la détection des particules élémentaires chargées (protons, électrons, noyau d'hélium…) ou non (neutrons) qui atteignent le sol martien, et émise en majorité par le Soleil.

REMS (**R**over **E**nvironmental **M**onitoring **S**tation), il s'agit ni plus ni moins que d'une station météorologique, mais adaptée à Mars.

MEDLI, deux autres cameras *HazCam* et *NavCam* fournissent des images exploitées à des fins scientifiques.

DAN (**D**ynamic of **A**lbedo **N**eutrons) est un détecteur actif et passif de neutrons, permettant de mesurer l'hydrogène présent dans la couche superficielle du sol martien, à moins d'un mètre de profondeur.

La fin de la mission Curiosity est prévue pour 2026 environ.

Ci-dessous une représentation du Rover avec ses instruments :

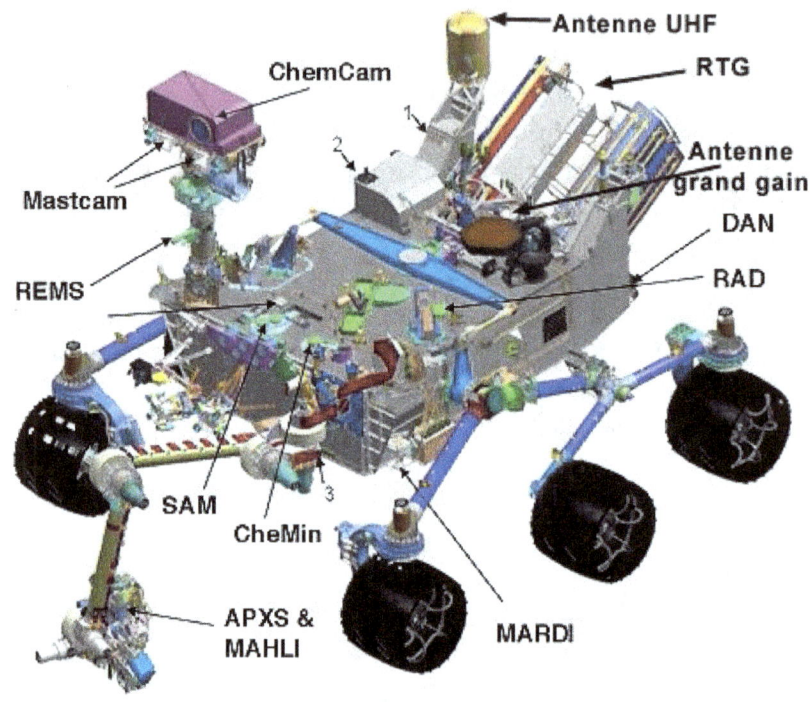

Curiosity et ses instruments – NASA/JPL

Le dernier des trois Rover, Perseverance. Lancé le 30 juillet 2020, il se pose à son tour le 18 février 2021. L'objectif principal de cette mission est le carottage de la surface, afin de pouvoir ramener des échantillons de sol martien sur Terre.

L'astromobile prélèvera une quarantaine de carotte de sol et de roches, et doit les déposer à des emplacements soigneusement repérés avant d'être ramener par une future mission conjointe entre la *NASA* et l'*ESA* (Agence Spatiale Européenne), mission de la plus haute importance scientifique, prévue pour 2031.

Perseverance sur Mars – Crédit : NASA/JPL/Caltech/MSSS

Les données recueillies par Perseverance ont permis de reconstituer une partie de l'histoire de Mars.

Il y a environ 4 milliards d'années, son noyau métallique, constitué de fer et de nickel, s'est tellement refroidi que les mouvements de convection du métal liquide se sont arrêtés. Le champ magnétique généré par ce mouvement, assimilable à une dynamo, s'est lui aussi naturellement stoppé.

L'eau a coulé sur Mars, durant deux périodes distinctes de son passé situés entre 4,1 et 3 milliards d'années, soit au début de son existence.

Mais l'eau n'a pas disparue, on estime une couche de glace de 450 mètres d'épaisseur se trouve sous la surface à environ 150 mètres.

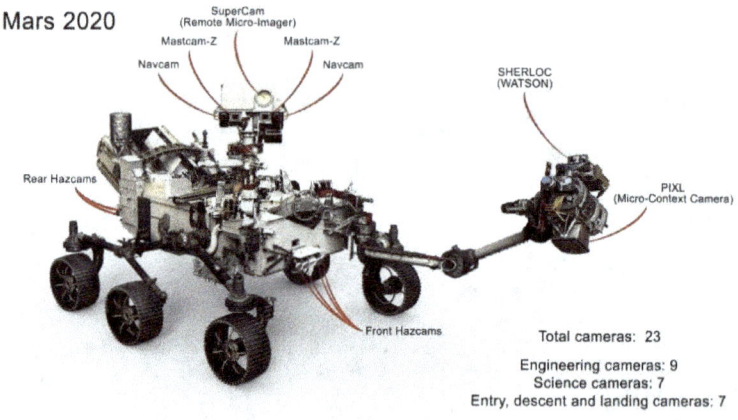

Perseverance et ses instruments – Crédit : NASA/JPL/Caltech

Différents instruments sont présents :

MasterCam-Z, pour des images tridimensionnelles et des vidéos du ciel et du sol.

MEDA (**M**ars **E**nvironmental **D**ynamics **A**nalyser), une station météorologique.

PIXL (**P**lanetary **I**nstrument for **X**-ray **L**ithochemistry), un spectromètre à rayons X, pour l'analyse de la composition chimique des roches.

RIMFAX (**R**adar **I**mager for **M**ars **S**ubsurface **E**xploration), un radar pour l'étude de la structure géologique du sous-sol.

SHERLOC (**S**canning **H**abitable **E**nvironment with **R**aman and **L**uminescence for **O**rganics and **C**hemicals), Spectromètre laser pour la détection des minéraux, des molécules organiques et les signatures microbiennes, utilisant la diffusion Raman.

SuperCam, spectromètre laser et camera, pour la composition chimique atomique et moléculaire des roches et des sols.

MOXIE (**M**ars **OX**ygen **I**sru **E**xperiment), un prototype de production d'oxygène à partir de l'atmosphère martienne.

Sans oublier les 23 caméras, de 1 à 20 mégapixels.

Chapitre 4 : La ceinture d'astéroïdes

Si on considère les schémas scolaires de visualisation du système solaire disons incomplète, c'est qu'entre les orbites de Mars et de Jupiter, il existe une ceinture d'astéroïde. Les scientifiques sont à peu près d'accord pour la définir comme un résidu du système solaire primitif.

Ce qui se passe en général, c'est un phénomène d'accrétion. Une accumulation de matière, plus souvent de la poussière et de petits corps célestes, augmentant inéluctablement le poids de l'ensemble, augmentant ainsi la gravitation. Et qui dit gravitation dit attirance.

Ces objets s'agglomèrent entre eux pour former des objets plus gros, plus lourd, plus dense, qui attirent de plus en plus ce qui se trouve au voisinage, formant ce que l'on appelle des planètes.

Mais à la différence de ce qui se passe naturellement, dans le système solaire primordial, lors d'un gigantesque billard cosmique, les planètes se sont organisées comme nous les connaissons aujourd'hui. Et les objets qui n'ont pas encore eu le temps de se rejoindre entre Mars et Jupiter sont restés tels quels. Une raison à cela, les effets de résonnances orbitales produites par Jupiter. Et cette résonnance a comme conséquence une augmentation de collisions, empêchant l'accrétion des objets.

On peut néanmoins y trouver des objets sphériques, à l'instar de Vesta et Pallas, ainsi que Cérès.

Pallas fut découvert le 28 mars 1802 par Heinrich Wilhelm Matthias Olbers (1758 – 1840). Charles Messier l'observa le 6 avril 1779, en le prenant pour une étoile.

Vesta, découverte le 29 mars 1807 par H. Olbers il mesure environ 530 kilomètres. Il fait parti des nombreux astéroïdes compris entre 10 et 1000 kilomètres. Il a connu des éruptions volcaniques pendant environ 30 millions d'années. Il aurait le même âge que le système solaire, soit environ 4.5 milliards d'années.

Vesta, presque sphérique. Crédits : Futura Sciences

Cérès, la bien connue planète naine, découverte par l'italien Giuseppe Piazzi, alors directeur de l'observatoire de Palerme en Sicile le 1er Janvier 1801. Du même âge que la ceinture d'astéroïde, et donc que le système solaire, mesure 473 km de rayon.

La mission *Dawn* de la NASA qui a observée Cérès à partir de Février 2015 jusqu'à octobre 2018, confirme la présence d'eau liquide sous la surface de cette planète naine.

Cérès est distante au minimum à un peu moins de 2 unités astronomiques. Elle est donc visible avec de bonnes jumelles depuis la Terre.

Elle représente à elle seule environ 25% de la masse de la ceinture d'astéroïde.

La Société Astronomique de Rennes à classé les catégories en 4 catégories. La première est subdivisée en 8 familles.

La famille d'Hungaria, située entre 1.78 et 2 ua. Elle tient son nom de son membre principal 434_Hungaria.

La famille de Phocée, situé dans la partie interne, entre 2.25 et 2.5 ua.

La famille de Cybèle, dans la ceinture principale, entre 3.3 et 3.5 ua.

Il y a très peu d'astéroïdes au-delà de 4.2 ua, et ce jusqu'à l'orbite de Jupiter.

Les deux derniers groupes sont classés parmi les troyens, situés donc aux points de Lagrange L4 et L5. Il s'agit des groupes de Karin et de Veritas. Karin s'est formé il y a 5.7 millions d'années suite à une collision. Veritas date d'il y a 8.3 millions d'années.

Le groupe de Datura s'est formé il y a environ 450 millions d'années par collision lui aussi.

La seconde catégorie, les NEA (Near Earth Asteroids) contient les orbites les plus proches de la Terre. Aten, Apollo et Amor constituent la partie entre 0.983 et 1.3 ua.

La dernière catégorie, les ECA (Earth Crossing Asteroids) sont les astéroïdes croisant l'orbite terrestre.

Chapitre 5 : La planète Jupiter

Nous voici arrivés à la cinquième mais surtout la plus grande planète du système solaire. Elle est aussi la première planète gazeuse sur le chemin qui mène du Soleil à la ceinture de Kuiper.

Grande comme 1300 Terre, d'un diamètre 11 fois celui plus grand, et pesant 318 Terre, elle se caractérise par sa tache très connue depuis longtemps, la *Grande Tache Rouge*, qui pourrait contenir notre planète. Les vents à l'intérieur de cet anticyclone s'approchent des 700 km/h, et cela depuis environ 300 ans.

Jupiter et sa célèbre tache rouge – Futura Sciences

Comme il s'agit d'une planète gazeuse, elle est composée à 86% de dihydrogène et d'hélium à 13%. Dépourvue d'une surface solide, on pense probablement que son noyau est solide.

Elle tourne sur elle-même en 9 heures 56 minutes, ce qui est remarquable à la vue de sa taille. C'est d'ailleurs le jour le plus court des planètes principales du système solaire. Cette vitesse a pour conséquence l'aplatissement des pôles et un embonpoint à l'équateur.

Elle a certes la journée la plus courte, mais une année correspond à un peu moins de douze années terrestres. Son orbite s'étend à près de 778 millions de kilomètres, ce qui représente 5,2 ua.

Elle est donc, en moyenne, distante de la Terre de 628,73 millions de kilomètres. La distance la plus faible est de 4,013 ua (environ 600 millions de km), et la plus importante est de 6 ua (environ 900 millions de km).

En Février 2023, il a été possible de voir Jupiter dans le ciel, assez proche de la Lune, partageant un petit périmètre avec Vénus.

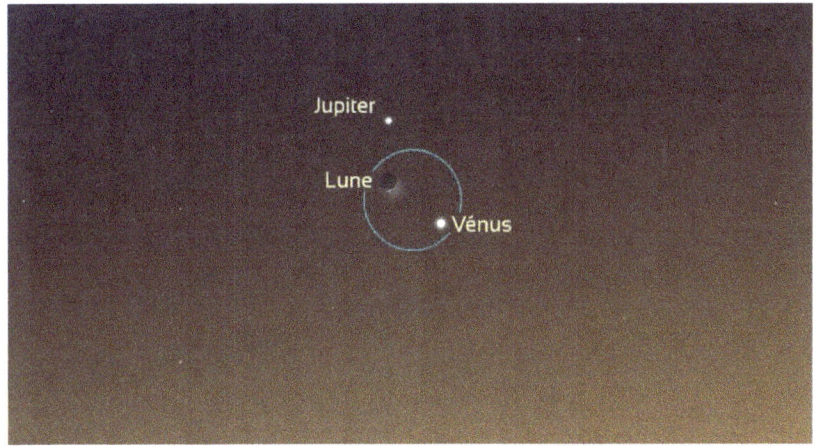

Jupiter Vénus et la Lune, Février 2023 – Stelvision

Jupiter ne se balade pas seul. Sa taille implique une gravitation plus importante, elle a donc cette manie d'attirer les objets qui lui tourne autour. On recense 92 satellites naturels confirmés. Les plus connus, les satellites Galiléens, découverts le 13 Janvier 1610, sont *Io*, *Europe*, *Ganymède* et *Callisto*.

Les 4 satellites de Jupiter – NASA/JPL – Caltech

- Io (à gauche) :

D'un diamètre de 3 643 km, il est le troisième plus grand des quatre, il est donc légèrement plus grande que la Lune. Mais contrairement à cette dernière, il n'y figure presqu'aucun impact. La surface est plus une plaine parsemée de hautes montagnes ou de fosses.

- Europe (2ème à gauche) :

C'est le plus petit des quatre, avec un diamètre de 3121 km. La particularité de ce satellite est l'absence de toute déformation de sa surface, il apparaît comme étant quasiment lisse. Il reste quelques stries glaciaires et des fissures.

- Ganymède (3ème sur la photo)

Plus grand que Mercure avec un diamètre de 5 262 km, il est le plus grand satellite naturel du système solaire. Recouvert de glace, il se pourrait qu'il soit constitué d'un immense océan d'eau, contenant plus d'eau que toute celle disponible sur Terre.

- Callisto (à droite) :

Beaucoup de cratères composent sa surface. D'un diamètre de 4 820 km, elle est composée à part égale de roches et de glace. De l'eau liquide se trouverait à plus de 100 kilomètre de sa surface.

C'est en 1973 et 1974, avec les sondes Pioneer 10 et 11, qu'un appareil humain survole Jupiter. Voyager 1 et 2 ont aussi contribué à l'exploration de la planète et de ses lunes.

Galileo, en 1995, s'est mise en orbite autour de Jupiter et a mener sa mission jusqu'en Septembre 2003. Remplacée par la sonde Juno en 2016, elle devrait travailler jusqu'en 2030 avant de finir sa carrière dans les entrailles des vents de la planète.

La sonde Juno – NASA – Robyn Beck

Chapitre 6 : La planète Saturne

S'il y a bien une planète largement favorite du grand public, c'est bien Saturne. Rendue célèbre par ses magnifiques anneaux, elle reste un objet fascinant du système solaire. L'équilibre des formes, la justesse des proportions, les anneaux qui semblent flotter autour, en font une véritable œuvre d'art.

Saturne et ses spectaculaires et célèbres anneaux – NASA / JPL – SSI

Sixième planète de notre exploration du système solaire, elle est aussi la deuxième planète gazeuse rencontrée. Tout comme Jupiter, elle est constituée essentiellement d'hydrogène et d'hélium, les éléments de la nébuleuse solaire primitive.

Quasiment aussi grande que Jupiter avec un diamètre d'environ 9,5 fois celui de la Terre, d'un rayon de 60 268 km, elle est cependant moins dense, avec une masse de l'ordre de 95 fois celle de la Terre, là où Jupiter culmine à 318.

Sa période de rotation est elle aussi très proche de sa grande sœur, avec une moyenne de 10 heures 32 minutes. Cela dit, sa période de révolution autour du Soleil est d'environ 29 ans terrestres.

Sa constitution peut être divisée ainsi :

Une couche d'environ 30 000 kilomètres d'épaisseur, soit environ la moitié du rayon de Saturne, contient 93% d'hydrogène pour 7% d'hélium.

Une couche inhomogène de 5 000 kilomètres contenant de l'hydrogène métallique au sein duquel des gouttes d'hélium continuent de se former et tombe telle une pluie vers le centre de la planète.

Une couche de 10 à 20 000 kilomètres d'hydrogène métallique et d'hélium. L'hélium que l'on retrouve en plus grande quantité que dans Jupiter ou même le Soleil.

Un noyau de silicates et de métaux, avec peut-être de la glace, pour un rayon de 15 000 kilomètres.

Un fait surprenant de Saturne, qui la rend unique une fois de plus :

La sonde Cassini-Huygens lancée en 2004, et ayant effectuée son plongeon final le 15 septembre 2017, avait embarqué un instrument RPWS (Radio Plasma Wave Science) qui détectait les émissions dans le domaine radio ainsi que du plasma dans le champ magnétique de Saturne.

Des différences ont été observées entre les émissions radio de l'hémisphère Nord et l'hémisphère Sud. Ce phénomène s'est réduit jusqu'à l'équinoxe, avant de s'inverser.

Tout ceci s'explique par une vitesse de rotation différente de certaines zones de l'atmosphère de Saturne. Il en résulte des vents pouvant atteindre les 1800 km/h.

Autre particularité, qui rend cette planète absolument unique dans notre voisinage, est la forme hexagonale des tempêtes au pôle Nord.

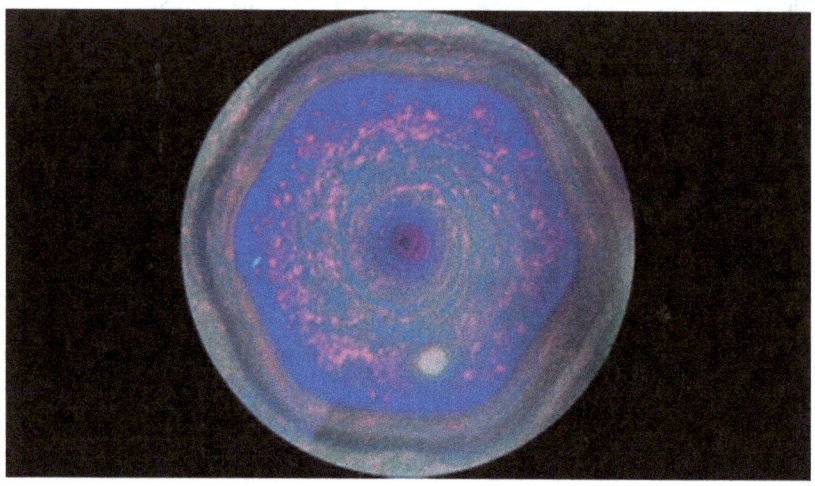

Cette nouvelle énigme, aussi belle soit-elle, semble pouvoir s'expliquer grâce aux convections profondes en rotation. À environ 30 000 kilomètres, de fortes turbulences se forment, et avec la pression d'environ 100 000 bars, la simulation donne à peu près les mêmes caractéristiques que les observations faites.

Mais la recherche reste ouverte sur ce spectacle époustouflant, défiant ce que l'on pense de la nature, à savoir utiliser des formes simples comme le rond ou l'éclipse, mais pas ce genre de figure géométrique.

Saturne est entouré d'au moins 82 satellites naturels. L'un d'entre eux, Titan, est le deuxième plus gros satellite du système solaire, après Ganymède sur Jupiter. D'un diamètre de 5150 kilomètres, il est lui aussi plus grand que Mercure. Il est le seul qui possède une atmosphère dense. Elle est constituée de diazote et de méthane pour l'essentiel.

Encelade fait aussi parti des satellites de Saturne. Découvert par William (1738 – 1822), il se caractérise par son apparence d'une blancheur exceptionnelle. Cette particularité est due à la glace qui recouvre sa surface. Elle est par conséquent visible depuis la Terre, malgré son diamètre d'environ 500 kilomètres.

Sous cette croute de glace, il semblerait que le satellite soit intégralement recouvert d'un océan d'eau, un peu comme Kamino dans l'univers Star Wars.

Des geysers traverse la glace jusqu'à la surface, et nous avons détecté grâce à la sonde Cassini des molécules organiques à base de carbone, ce qui fait de son océan interne un milieu potentiellement habitable, en tout cas propice à une chimie organique.

Télescope de W. Herschel de 12m de focale et 122 cm d'ouverture

Dernier détails avant de visiter les anneaux, Jupiter et Saturne représentent à elles seules 92% de la masse des planètes du système solaire.

Encelade prise par la sonde Cassini en Mars 2017 – NASA/JPL SSI

Les anneaux de Saturne - NASA

Nous voici à l'exploration des fameux anneaux de Saturne. L'image ci-dessus est en vraie couleurs, telle qu'elle a été prise par la sonde Cassini-Huygens.

Ces anneaux entourent la planète sur son plan équatorial. Ils ont une extension de plus de 270 000 kilomètres, équivalent à presque la distance Terre – Lune, mais d'une épaisseur de quelques dizaine de mètres.

Ils se divisent en en plusieurs partie :

L'Anneau D est celui qui est le plus proche de la planète. Il débute 6 632 km au-dessus de la couche nuageuse supérieure de Saturne et s'étend sur 7 610 km.

La Division de Guérin est une région située entre les anneaux D et C et mesure 1 200 km de large.

L'Anneau C débute là où s'arrête l'Anneau B. Il s'étire sur une distance de 17 342. L'Anneau C possède 4 Lacunes baptisées *Colombo*, *Maxwell*, *Bond* et *Dawes* dont l'étendue varie entre 20 et 270 km.

L'Anneau B débute à 31 732 km au-dessus de Saturne et s'étend sur 25 580 km. Il est le plus brillant des anneaux de Saturne. Son épaisseur est estimée entre 5 et 10 m. On observe huit lacunes à l'intérieur de l'Anneau B appelées *Huygens*, *Herschel*, *Russell*, *Jeffreys*, *Kuiper*, *Laplace*, *Bessel* et *Barnard* dont la largeur varie entre 3 et 440 km environ.

La Division Cassini sépare les anneaux A et B et est large de 4 500 km approximativement. Contrairement à ce que l'on pourrait penser, la Division de Cassini n'est pas vide de matière mais est une zone où la densité des particules est plus faible.

L'Anneau A prend forme à 61 900 km au-dessus des nuages de Saturne et se prolonge sur 14 605 km. Sa limite extérieure borde l'orbite de la lune Atlas. Très ténu mais très brillant, son épaisseur est estimée entre 10 et 40 m.

L'Anneau A possède deux divisions nommées la *Division d'Encke* et la *Division de Keeler*.

La Division de Roche est l'espace qui sépare les anneaux A et F. Elle s'étend sur environ 2 610 kilomètres. A l'intérieur, on y croise l'orbite des lunes Atlas et Prometheus.

L'Anneau R/2004 S 1 est le nom provisoire pour l'anneau découvert par la sonde Cassini entre l'Anneau A et l'anneau R/2004 S 2, sur l'orbite de la lune Atlas. Il mesure environ 300 km de large et est très peu visible.

L'Anneau R/2004 S 2 est le nom provisoire pour l'anneau découvert par la sonde Cassini entre l'anneau R/2004 S 1 et l'anneau F, entre les orbites des lunes Atlas et Prométhée. Il s'étend sur une largeur de 300 km environ et est très peu visible.

L'Anneau F a été découvert par la sonde Pionner 11 lors du survol de la planète Saturne en 1979. Il est localisé au-delà de l'Anneau A et ne s'étend sur quelques centaines de km, confiné entre les orbites de Prometheus sur son bord intérieur et Pandora sur son bord extérieur.

Interaction et perturbations entre l'Anneau F et Prometheus - NASA

L'origine des anneaux reste encore inconnue. Deux hypothèses sont toutefois envisagées. Soit il s'agit d'un satellite qui ne s'est jamais formé, soit au contraire d'un ancien satellite disloqué par les forces de marées dues à Saturne.

Ils sont constitués de glace d'eau assez pure, leur permettant d'être visibles. La source de cette glace reste inconnue elle aussi.

Image prise par la sonde Cassini. Le point blanc (flèche) est la Terre – NASA

L'image ci-dessous reste à mes yeux une des plus belles.

En effet, ce que nous voyons ici est le satellite Encelade, évoqué plus haut. Il apparait partiellement caché par les anneaux, diffusant la lumière tel un spectre voulant dissimuler cet astre.

Et je la trouve d'autant plus magique qu'il s'agit de la dernière image prise par la sonde Cassini de ce satellite avant sa désintégration dans l'atmosphère de Saturne.

L'image en dessous est la toute dernière image transmise, elle est en vrai couleur. Après ça, la sonde a arrêté définitivement de nous transmettre des informations.

13 Septembre 2017 Dernière image d'Encelade – NASA/JPL

14 Septembre 2017 Dernière image transmise – NASA/JPL

Chapitre 7 : La planète Uranus

Découverte le 13 mars 1781 par Sir William Herschel, à qui on doit entre autre la découverte d'Encelade du chapitre précédent, est la septième planète de notre système solaire.

Elle est éloignée du Soleil d'une distance variant de 18,2 ua à 20,1 ua, soit une différence entre son périhélie et son aphélie de presque 2 ua, soit 300 millions de kilomètres.

Son rayon est comme 4 Terres, soit 25 559 km. Son volume pourrait, lui, contenir 63 Terres.

Uranus compte parmi les planètes géantes, mais cela ne l'empêche pas de tourner rapidement sur elle-même. Un jour sur cette planète ne dure que 17h 14 m. Alors qu'une année fait 84 ans, ce résultat est dû à son grand éloignement. Eloignement qui fait chuter sa température au sommet des nuages à -214°C.

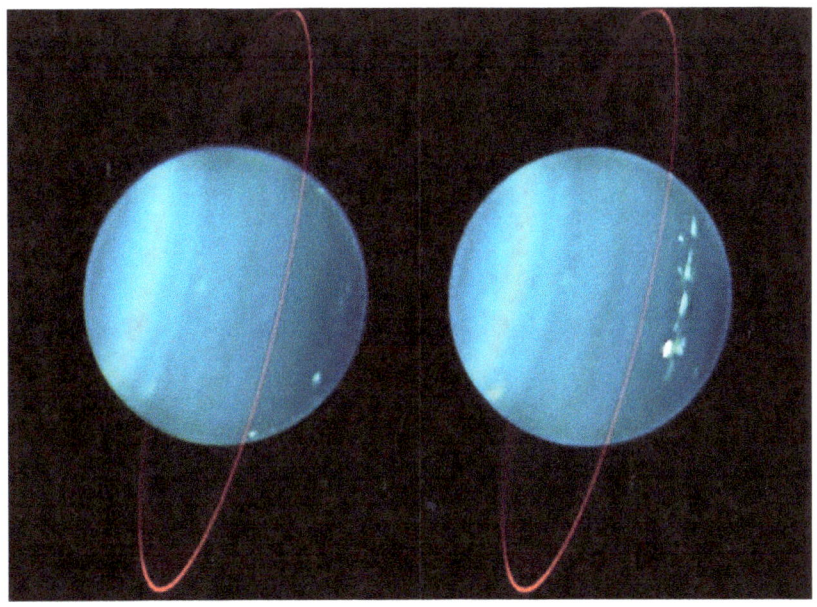

Image infrarouge prise par le télescope Keck II – Crédits : Univ Wisconsin

Comme le montre l'image page précédente, Uranus, comme Saturne, possède des anneaux. Ce détail reste toutefois assez peu répandu dans la connaissance du public. Il existe 13 anneaux connus tournant autour d'Uranus, composés essentiellement de glace. Les plus centraux sont les plus sombres et les plus étroits, contrairement aux deux anneaux extérieurs (Nu et Mu) qui sont vivement colorés.

On nomme ces anneaux 1986U2R/ suivi de Zêta, 6, 5, 4, Alpha, Bêta, Êta, Gamma, Delta, Lambda, Epsilon, Nu et Mu (Soit : ζ, 6, 5, 4, α, β, η, γ, δ, λ, ε, ν et μ).

L'atmosphère d'Uranus étant composée de d'hydrogène et d'hélium, comme toute les planètes gazeuses, mais on y trouve également du méthane, lui donnant cette couleur vert – bleu assez particulière, vu qu'elle absorbe la lumière rouge.

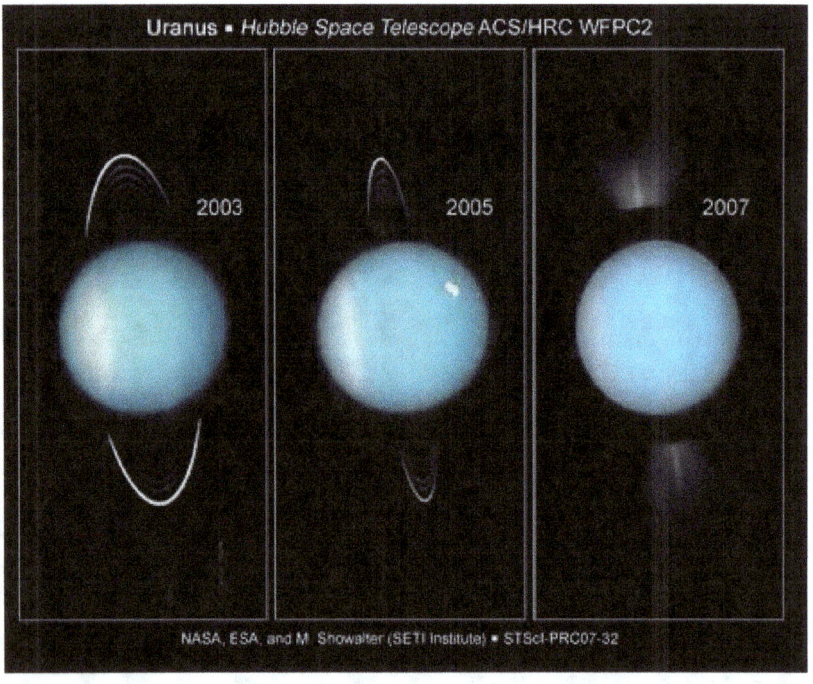

Image Hubble en 2003 – 2005 et 2007 – NASA/ESA

L'image n'est pas prise de travers, ou Hubble n'était pas dans une configuration bizarre. La planète est incliné tel quel.

En effet, l'axe de rotation d'Uranus n'est pas très conventionnel. La Terre par exemple a son axe de rotation incliné de 23° environ. Tandis que la planète glaciale est inclinée de 97,77°. Elle donne réellement l'impression de rouler sur son orbite, telle une boule de billard sur le tapis.

On ignore encore à quoi ce décalage est dû. Peut-être une collision au début du système solaire aurait provoqué cette inclinaison spectaculaire.

L'une des conséquences de cette caractéristique est que, au moment des solstices, un pôle d'Uranus fait continuellement face au Soleil, ce qui entraîne un cycle jour-nuit très inhabituel. Aux pôles, il fait jour 42 années terrestres de suite, suivies de 42 années de nuit. En revanche, lors des équinoxes, le Soleil fait face à son équateur, ce qui lui donne un cycle jour-nuit similaire à celui des autres planètes.

Ce qui laisse aussi penser qu'un impact est la cause de cette particularité, c'est qu'on peut y ajouter une rotation rétrograde, Uranus tourne dans le sens des aiguilles d'une montre, toutes les autres dans le sens trigonométrique.

Fait amusant, il pleut des diamants sur le noyau de la planète. Effectivement, la pression au centre est suffisamment intense pour autoriser cette transformation.

Uranus est la première planète découverte à l'aide d'un télescope, elle n'est pas visible à l'œil nu. Et son nom vient de la mythologie grecque et non romaine comme les autres planètes du système solaire.

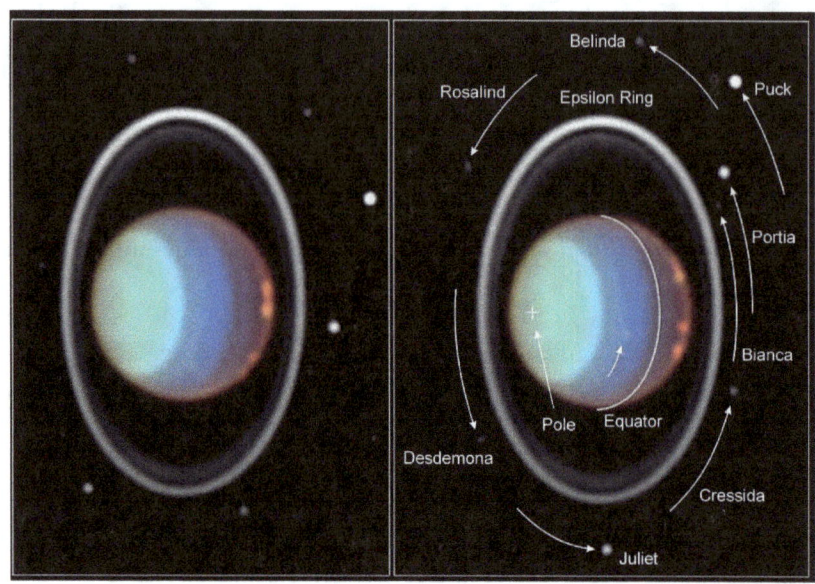

Image Hubble du 28 Juillet 1997 – Uranus et 8 de ses lunes – NASA/JPL STSCI

Uranus possède 27 lunes. Sur l'image ci-dessus, on peut voir que 8 lunes se trouvent dans le plan des anneaux. Ses plus grands satellites naturels, Oberon et Titania, mesurent un peu plus de 1500 km de diamètre.

Miranda, découverte le 16 Février 1948 par Gérard Kuiper (1905 – 1973), est le plus proche d'Uranus, à une distance de seulement 129 900 km. Elle n'est pas bien grande, avec un diamètre moyen de 470 kilomètres.

A la vue de sa position sur le plan équatorial de sa planète hôte, les pôles géographiques de Miranda sont eux aussi éclairés pendant 42 ans, avant d'entrer dans une nuit de la même durée.

Sa constitution reste semblable aux anneaux, donc de la glace d'eau. Mais son origine et sa formation reste encore à l'étude des théories avant une nouvelle exploration dans les années 2032-2033.

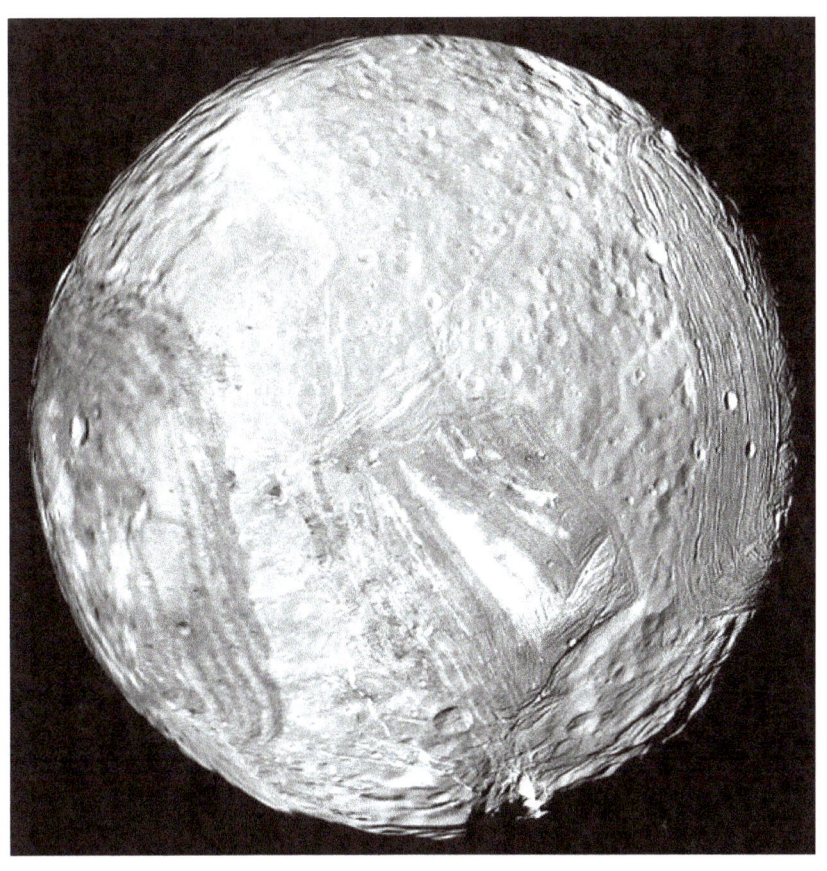

Miranda vue du pôle Sud – NASA/JPL - Caltech

Mais, jusqu'à ce jour du 23 Septembre 1846, des perturbations gravitationnelles sur l'orbite d'Uranus ont été découvertes sans vraiment comprendre pourquoi…

Chapitre 8 : La planète Neptune

Neptune est la huitième et dernière planète connue du système solaire. Elle est éloignée du Soleil de près de 30 ua, soit entre 4,459 et 4,537 milliards de kilomètres suivant sa position sur l'ellipse.

Elle met donc 165 ans à faire une rotation complète autour du Soleil. Mais seulement 16h 06m pour faire un tour sur elle-même.

Constituée d'hydrogène et d'hélium, elle contient elle aussi du méthane et de l'ammoniac, lui donnant une couleur bleue. Légèrement plus petite qu'Uranus, elle est plus lourde, de l'ordre de 17,2 fois la Terre.

Neptune, entourée elle aussi d'anneaux – NASA

Selon les données de la sonde Voyager 2, diverses parties de Neptune pourraient tourner à des vitesses différentes puisque la planète n'est pas un corps solide.

À l'équateur, Neptune semble faire un tour complet en 18 heures. Dans les régions polaires, la rotation ne semble prendre que 12 heures. La différence entre les vitesses de rotation de Neptune est la plus grande de toutes les planètes. C'est la cause des vents les plus violents du Système solaire : ils soufflent jusqu'à 2 100 km/h!

La plus grande tache sombre (ci-dessous) montre une perturbation atmosphérique qui s'étend sur 13 000 km.

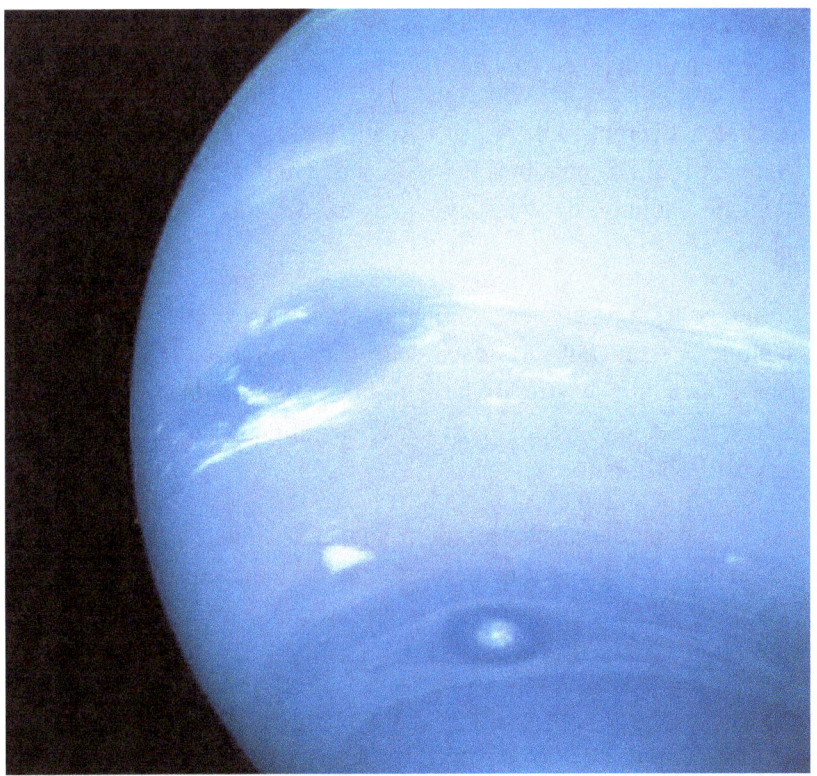

Atmosphère de Neptune avec les tempêtes (taches sombres) - NASA

Sa découverte reste une des plus grandes victoires de l'humanité. Uranus connaît des perturbations gravitationnelles de son orbite, un peu comme Mercure (cf. Chapitre 1).

Intrigué comme tous bons scientifiques, les chercheurs se mettent à émettre des hypothèses. L'une d'entre elle prévoit une planète encore inconnue, qui serait la cause de ces perturbations.

Considérée au départ comme une étoile aussi bien par Galilée, par John Herschel, fils de William, que par Joseph Jérôme Lefrancois de Lalande (1732 – 1807), elle sera d'abord théorisée par le calcul.

Urbain Jean Joseph Le Verrier (1811 – 1877), astronome français, calcul ce qui pourrait causer les perturbations d'Uranus. Une planète, située à un point précis du ciel.

Ces calculs seront validés par l'Académie des Sciences le 31 Août 1846. Et le 23 Septembre 1846, Johann Gottfried Galle, astronome allemand, pointe son télescope dans la direction annoncée par le calcul.

A moins d'un degré de la prédiction de Le Verrier, il observe Neptune. Ce qui fait date dans cette découverte, c'est la possibilité pour l'humanité de découvrir des objets distants de 4 milliards de kilomètres de la Terre, d'abord par le calcul de la mécanique céleste, puis par l'observation.

Neptune est entourée de 5 anneaux, dont le dernier, *Adams*, est constitué d'arc de matière. Ces arcs sont nommés *Courage*, *Liberté*, *Egalité* et *Fraternité*, leur découverte étant le fruit du travail d'une équipe française.

Elle est accompagnée de 14 satellites connus, le plus grand d'entre eux est Triton, d'un diamètre de 2700 km. Triton prendrait ses origines dans la ceinture de Kuiper, que nous aborderons au prochain chapitre. Son sens de rotation est inversé par rapport à Neptune, et il y aurait un océan d'eau liquide sous la surface. La mission Trident de la

NASA / JPL pourrait, à l'horizon 2026, envoyé une sonde autour de Triton pour l'étudier plus en profondeur, les seules données que nous avons viennent de Voyager 2, en 1989.

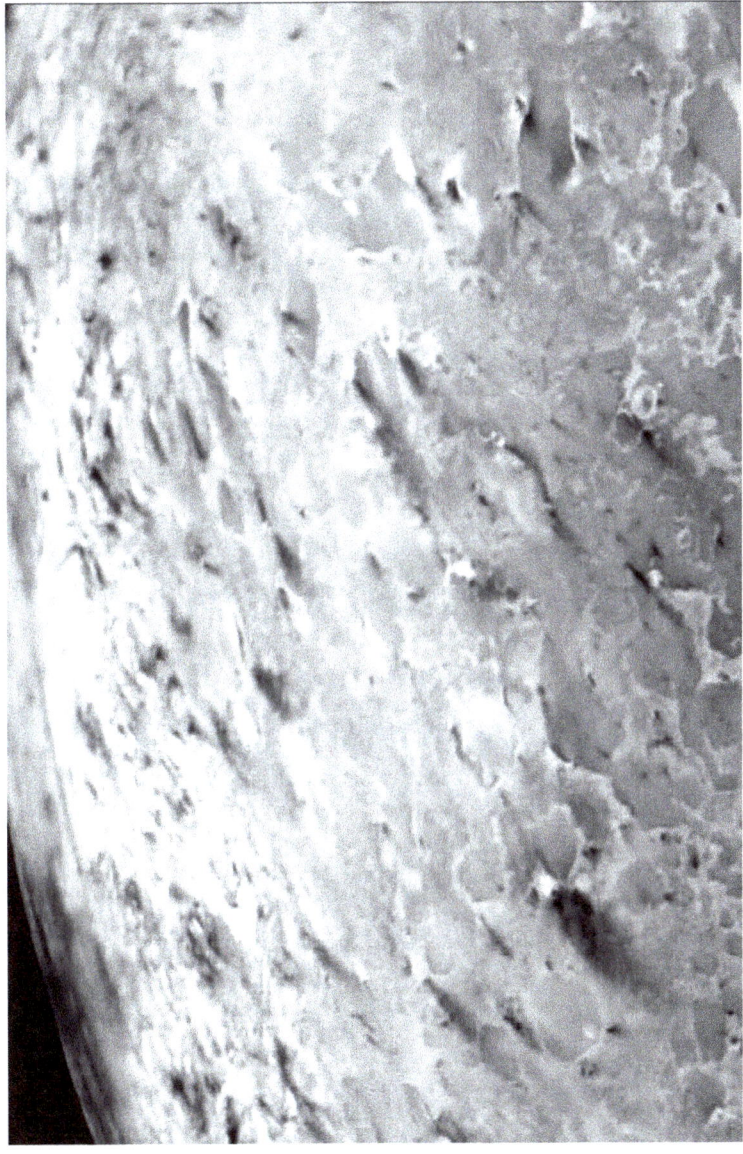

Surface de Triton, semblable à un melon – NASA

Chapitre 9 : Ceinture d'astéroïdes et objets transneptuniens

Nous voici arrivé au terme des planètes à proprement parlé. Mais le système solaire n'est pas aussi simple.

Entre Mars et Jupiter, il existe une *Ceinture d'Astéroïdes*, et au-delà de l'orbite de Neptune se trouve la *Ceinture de Kuiper*, véritable réservoir à comètes.

C'est également là que se trouve Pluton, déclassée de planète à planète naine, que nous détaillerons un peu plus loin.

Nous parlerons aussi de l'hypothétique nuage d'Oort, situé au-delà de la Ceinture de Kuiper, dessinant l'équivalent d'une sphère protectrice pour le système solaire tout entier.

Ceinture d'Astéroïdes :

Situé entre les orbites de Mars, dernière planète tellurique, et Jupiter, première planète gazeuse, la Ceinture abrite plusieurs centaines de milliers d'objets dont la taille varie de quelques centimètres à plusieurs centaines kilomètres.

C'est une relique du système solaire primitif. Des effets de résonnances orbitales entre Mars et Jupiter n'a pas permis l'accrétion des éléments présents dans cette ceinture, soumis aux perturbations et nombreuses collisions dues à leurs voisines. Ces objets sont rangés en trois catégories, correspondant à la richesse des éléments les constituants, les Type C (Carbone), Type S (Silicates) et Type M (Métaux).

Les objets les plus connus étant Vesta, Pallas, et surtout Cérès (Voir Chapitre 4).

Objets transneptuniens :

Comme évoqué dans l'introduction de ce chapitre, il existe une région que l'on nomme aussi *système solaire externe*. Pluton, Charon et Eris sont les représentants les plus connus de cette région.

Pluton, découverte le 13 mars 1930 par l'américain Clyde William Tombaugh (1906 – 1997), longtemps considérée comme la neuvième planète du système solaire, est recalée *planète naine* en août 2006. Elle partage cette définition avec Cérès, Iris, Makemake, Hauméa et tant d'autres.

Mais il a fallu donner un cadre, ce n'est pas une décision arbitraire. La nouvelle définition d'une planète du système solaire reprend trois points importants :

Une planète est orbite autour du Soleil.

Il s'agit d'un objet rond, tout du moins sphérique autant qu'elle peut, même si elle est légèrement aplatie (les patatoïdes comme Pallas sont refusés).

Il faut que la planète ai fait le « ménage » sur son orbite.

Pluton est plus petite que la Lune. Mais son orbite, quoique très intéressant physiquement parlant, est complètement en décalage avec le reste des planètes du système solaire. En effet, son orbite est inclinée de 17°, là où tout le monde reste sur le plan de l'écliptique.

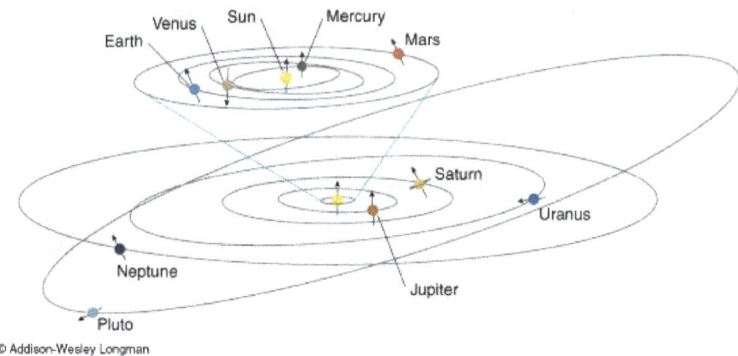

Inclinaison de 17° de l'orbite de Pluton, croisant l'orbite de Neptune – CERN

Mais Pluton ne se promène pas seule sur son orbite étrange, et encore soumise à questionnement. Elle est accompagnée par son fidèle compagnon Charon. La particularité de Charon est ses dimensions par rapport à son hôte. Elle n'est que de moitié par rapport à Pluton.

Le couple Pluton (à gauche) et Charon (à droite) – Hubble / NASA

Eris et son satellite Dysnomia – Hubble 2007 – NASA/ESA M. Brown

La Ceinture de Kuiper :

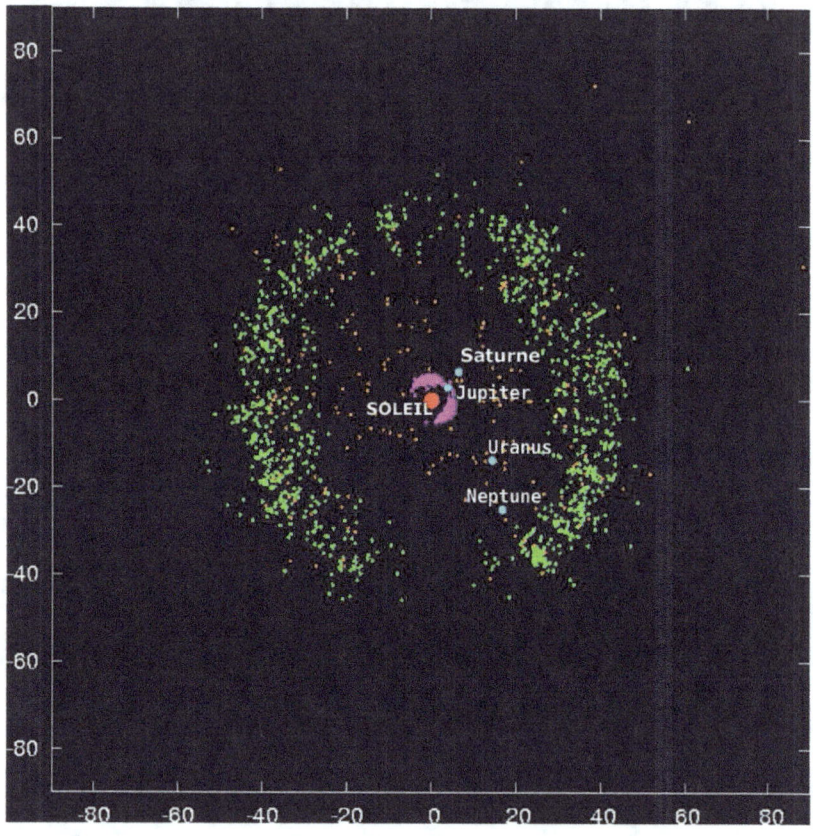

Les objets principaux sont en verts. Echelle en ua. Wikipédia - Crédits : WilyD

Située après l'orbite de Neptune, la Ceinture de Kuiper, elle serait constituée de fragments du disque protoplanétaire, et est par conséquent un formidable laboratoire d'observation pour connaître l'histoire du système solaire.

Découverte en 1992, elle sera nommée ainsi en hommage à Gérard de Kuiper, le premier à avoir émis l'hypothèse de ce réservoir.

Les comètes à courte période proviennent de la ceinture de Kuiper, une région située dans le plan du système solaire, au-delà de l'orbite de Neptune.

Cette ceinture commence entre 30 et 55 unités astronomiques et s'étend jusqu'à des centaines d'unités astronomiques.

On estime qu'elle contient plus de 200 millions de petits corps glacés susceptibles de devenir des comètes. Certains astronomes pensent que Triton, Pluton et d'autres objets transneptuniens sont des objets de cette ceinture, qui se distinguent simplement par leur taille exceptionnelle ou leur orbite.

Ce sont les perturbations gravitationnelles engendrées par les planètes géantes qui de temps en temps modifient l'orbite d'un de ces corps et déclenchent un changement de trajectoire vers le Soleil.

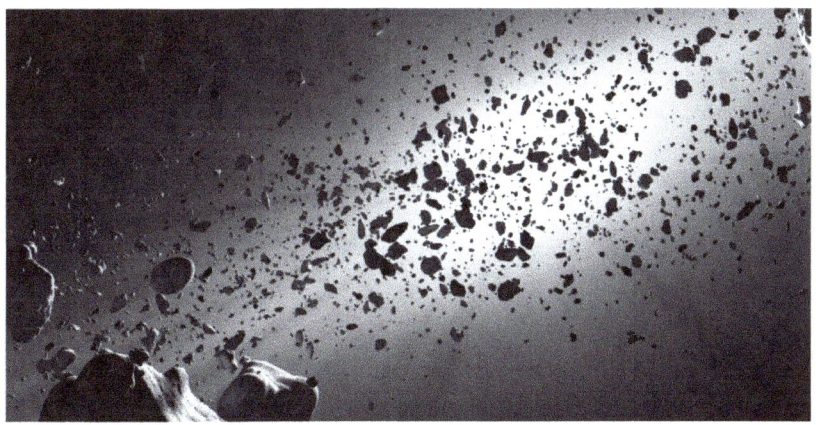

Vue d'artiste de la Ceinture de Kuiper – Futura Sciences

Dans les années 1990, les progrès dans l'observation astronomique ont permis de photographier les premiers corps de petite taille situés au-delà de Neptune et possédant des orbites circulaires (ce qui les distingue des comètes habituelles).

Des images du ciel obtenues avec de très longues poses ont ainsi commencé à révéler à partir de 1992 des corps situés à plus de 30 ua, la majorité avec un diamètre de plusieurs centaines de kilomètres.

Ces observations confirmèrent l'existence de la ceinture de Kuiper qui n'était jusqu'alors qu'une hypothèse.

Les observations depuis le sol ne pouvaient révéler que des objets suffisamment lumineux donc massifs. C'est le télescope spatial Hubble qui en 1994 observa pour la première fois des corps de dimension plus faible, d'à peine quelques kilomètres parfois.

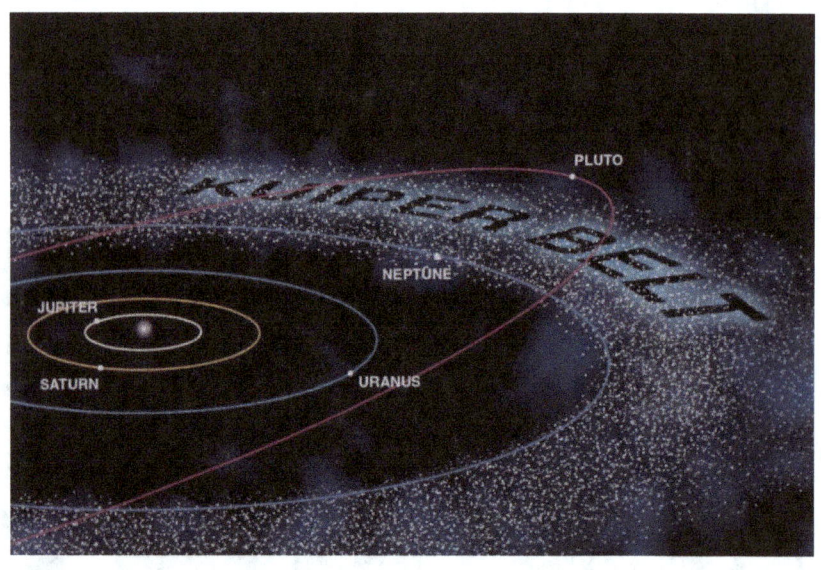

La Ceinture de Kuiper avec l'orbite décalé de Pluton – NASA

New Horizons qui a capturer des objets de la Ceinture de Kuiper – NASA/JHUAPL

Le rond rouge représente une comète passant entre la Ceinture et la sonde New Horizons, et se dirigeant vers le Soleil.

Chapitre 10 : Autres objets du système solaire

Une petite précision s'impose avant de commencer. Le terme *Météore* désigne tout phénomène lumineux dans l'atmosphère. Les étoiles filantes en sont.

Le terme *Météoroïde* désigne tout objet pénétrant l'atmosphère mais sans avoir touché le sol.

Une fois au sol, son nom de *météorite* est justifié.

Maintenant que ces précisions sont faites, voyons ce qui se passe sur et autour de notre planète.

Les comètes :

L'exploration commence par les comètes. Annonciatrices d'une catastrophe à venir ou d'un cataclysme proche, les anciens avaient une crainte non dissimulée pour ces apparitions de courte durée.

C'est aux égyptiens que nous devons, d'après Theophraste (371 Av. J.C – 288 Av. J.C.), la désignation d'astre chevelu.

La plus connue des comètes est sans doute celle de Halley, du nom de son découvreur, Edmond Halley (1656 – 1742). Elle fait une révolution solaire en 76 ans. Il est le premier, malgré plusieurs observation avant la sienne, a démontré qu'il ne s'agit en fait que d'un seul corps céleste, et qu'il reviendra en 1759. Elle est effectivement revenue avec quelques mois d'avance, en 1758.

Elle est composée d'un mélange de glace et de grains de poussières. Elle mesure 16 km de long pour 8 km de large. Elle prendrait ses origines dans la ceinture de Kuiper, que nous avons vu au chapitre précédent.

La comète de Halley, photographiée le 8 mars 1986 par W. Liller sur l'Ile de Pâques – NASA

Les comètes se sont formées avec le système solaire, il y a 4,6 milliards d'années.

En 1950 l'astronome néerlandais Jan Oort (1900 – 1992) émit l'hypothèse de l'existence d'un réservoir sphérique autour du système solaire, composé de comètes.

D'après lui, des instabilités gravitationnelles provoqueraient de temps en temps une éjection de l'une d'entre elles, se dirigeant alors vers le Soleil.

Mais ce sont celles là qu'on appelle comète non périodiques. Elle ne passe qu'une seule fois.

Au contraire, les comètes périodiques, comme Halley, passent régulièrement près du Soleil. Elles y perdent à chaque passage un peu de leur masse, et finissent donc par s'éteindre par manque de matière à éjecter.

Assez récemment, en Février 2023, une équipe du CNRS a découvert une comète extrasolaire. Située dans le ciel de l'hémisphère Sud, dans la constellation du paon, une jeune étoile distante de 95 années-lumière a vu sa photométrie (variation de luminosité) variée de 0,2 pour mille. Grâce à CHEOPS, satellite en charge de l'observation, les chercheurs ont pu ainsi débusquer une exo-comète (en adéquation avec les exoplanètes) de 5 km de diamètre.

Les astéroïdes :

Avant d'être des météorites, donc des objets du cosmos tombant sur Terre, on appelle ces objets des astéroïdes.

Le 19 Octobre 2017, un objet inconnu traverse le système solaire. Il s'agit d'*Oumuamua*. D'une forme rappelant un cigare, ou un réacteur, il mesure près de 400 mètres de long pour 40 de rayon.

Quoiqu'il soit, il n'a fait que passer. On ne sait pas d'où il vient, mais le programme SETI a eu le temps de pointer ses radiotélescopes dessus, dans l'éventualité d'une sonde extraterrestre. Aucun signal n'a été trouvé.

Selon les dernières publications des astrophysiciens, il se pourrait qu'Oumuamua ne soit qu'un fragment d'une planète lointaine telle que Pluton, qui aurait subi un impact. Cet objet serait alors un morceau arraché d'une planète.

Parmi les astéroïdes marquants, notons Apophis. Du nom du dieu de la mythologie égyptienne des forces du mal, du chaos et de la nuit. Il s'agit d'un géocroiseur de plus de 370 mètres de diamètre, avec une masse proche des 27 millions de tonnes. Il passera à proximité, lointaine, de la Terre en 2029. Il pourrait être visible à l'œil nu.

Apophis, astéroïde géocroiseur – NASA/JPL - Caltech

Les météorites :

Une fois l'atmosphère traversée pour ces astéroïdes, leur impact sur le sol terrestre les fait passer dans la catégorie des météorites.

Un matin d'été Le 30 Juin 1908, un matin d'été, au Nord de la Sibérie, une petite ville répondant au nom de Toungouska se réveille tranquillement.

Tout un coup, un éclair bleu traverse le ciel, suivi d'une puissante explosion, couchant plus de 80 millions d'arbres et rendu une région de 2000 km² complètement dévastée.

Selon certains scientifiques, il se pourrait qu'un astéroïde ait rebondi sur l'atmosphère, laissant s'échapper un objet d'environ 200 mètres de diamètre, et l'aurait propulsé vers la Terre à une vitesse de près de 20 km/s. A une telle vitesse, il se serait vaporisé, laissant comme une poche de plasma qui aurait provoquée une onde de choc.

Toujours en Russie, le 15 Février 2013, à l'Est de l'Oural, un astéroïde de 19 mètres a explosé dans le ciel russe, provoquant une onde de choc, moindre que celle de Toungouska, mais identique dans le principe.

Le 13 Février 2023, un petit astéroïde nommé 2023CX1, mesurant 1 mètre de diamètre pour 1500 kg a explosé au dessus de la Manche. Les météorites se sont donc dispersées en Normandie. 11 morceaux ont déjà été retrouvés.

Si vous avez la chance un jour d'en trouvé, faites bien attention de ne pas approcher un aimant à proximité.

Photo immortalisant la désintégration prise depuis Paris – Josselin Desmars

Chaque année, entre le 17 Juillet et le 24 Août, l'orbite de la Terre croise celui d'un essaim de météores, connu sous le nom de Perséides, ou les Larmes de Saint Laurent. Il provient de la comète Swift Tuttle, dans la direction de la constellation de Persée.

On peut compter entre 80 et 100 étoiles filantes par heure au pic d'activité, soit vers le 12 Août.

Il existe dans le même registre les Léonides (en Novembre) et les Géminides en Décembre.

Les Perséides vues du Canada, traversant presque la voie lactée – Christy Turner

Livre 5 : Les instruments d'observation astronomique

Chapitre 1 : Sur Terre

L'invention des lunettes d'approche s'est produite au début du 17ème siècle. Accroître la puissance de perception est un désir certainement vieux comme le monde.

C'est à Hans Lippershey (1570 – 1642), hollandais, que l'on doit la première lunette astronomique en 1608, grossissant sept fois, et non pas Galilée. Celle de Galilée, grossissant trente fois, lui a permis tout de même d'observer les cratères de la Lune, de découvrir les satellites de Jupiter et d'observer les premiers amas d'étoiles.

Reproduction de la lunette de Galilée – Luxorion

Kepler inventa une nouvelle combinaison optique plus performante, basée sur deux lentilles convexes. Les lunettes ne sont plus guère utilisées aujourd'hui pour l'observation professionnelle.

Elle reste toutefois à la portée des amateurs, désireux commencer l'exploration du ciel.

Lunette perpendiculaire – Musées Royaux d'Art et d'Histoire

Les modèles actuels permettent effectivement un grossissement élevé, jusqu'à 246 fois pour la lunette Wave-Series en image page suivante.

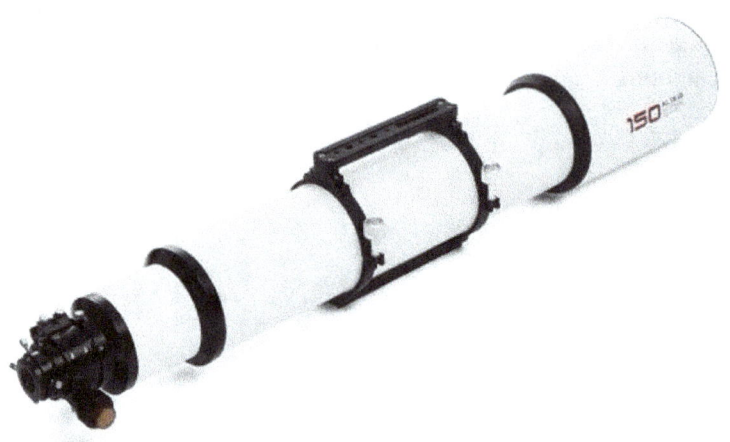

Lunette astronomique Wave-Series – Pierre Astro

Pour observer encore mieux et donc plus loin, Isaac Newton mit au point ce qu'on appelle le premier télescope en 1666. Contrairement à la lunette, le télescope utilise des miroirs.

Réplique du télescope de Newton – Solipsit (Andrew Dunn)

William Herschel, dont nous avons parlé au chapitre 6 concernant Saturne, construisit le plus gros télescope de 1789, date de la création, jusqu'en 1845.

L'observation est rendue meilleure par l'altitude. Il y a en en effet moins de pollution lumineuse ou atmosphérique, d'où l'idée de construire les télescope sur les montagnes.

Le premier d'entre eux, utilisable, est celui du Mont Wilson en 1904.

Télescope de 2,54 mètres d'ouverture du Mont Wilson – Andrew Dunn

Le Mont Palomar, le BTA-6 russe à Zelenchukskaya (le plus grand télescope jusqu'en 1993), le Pic du Midi (1873), celui d'Hawaï, font parti des télescope dispersé un peu partout dans le monde.

Le VLT pour Very Large Telescope au Chili se situe à 2635 m d'altitude. Ce coin au Nord du Chili lui permet des observations 340 nuits par an, ce qui reste remarquable.

La plateforme du VLT en 2004- Wikipédia

Il s'agit d'un groupement de 4 télescopes, de 8,2 mètres de diamètre chacun, et de 4 télescopes auxiliaires dotés d'un miroir d'1,8 mètre.

Il est capable d'observer des objets qui sont 4 milliards de fois moins lumineux qu'un objet visible à l'œil nu.

Indéniablement impactant pour l'astronomie observationnelle, ce télescope est sans aucun doute le plus productif au monde.

C'est à lui que l'on doit la première image d'une exoplanète, une planète orbitant autour d'une étoile autre que le Soleil, et aussi la première image du centre galactique dans l'infrarouge proche, exactement l'image page suivante :

Image du centre de la Voie Lactée par le VLT – ESO S. Gillessen

Il existe bien sûr des instruments dédiés. Pour le Soleil par exemple, nous avons vu lors de son étude, que nous avons réussi à utiliser les spectrohéliographes, comme celui de Meudon, ou encore la Tour Solaire de Monte Mario.

Spectrohéliographe de l'observatoire de Meudon - Obspm

Tour solaire de l'observatoire de Monte Mario – H. Raab

L'observation pour la connaissance du monde ne s'arrête pas en si bon chemin. Il existe une catégorie de télescope qui capte les ondes radioélectriques des objets célestes. On les appelle les radiotélescopes.

On les reconnait facilement. Ils ressemblent soit à de grandes paraboles, soit à un grillage.

Very Large Array – Nouveau Mexique – CGP Grey

Radiotélescope Arecibo – Le plus grand jusqu'en 2016 – Dans un triste état aujourd'hui

Nous avons, en France un radiotélescope, toujours fonctionnel. Il s'agit du radiotélescope de l'observatoire de Nançay.

Radiotélescope de Nançay – Futura Sciences

Situé dans le Cher, il possède une surface de collecte de 8000 m². Conçu pour observer l'hydrogène dans l'espace. Il est désormais rattaché à l'Observatoire de Paris, tout comme celui de Meudon.

Le 15 Août 1977, le radiotélescope « Big Ear » (Grandes Oreilles) aux Etats-Unis à reçu un signal assez particulier.

La raie à 21 cm est une raie spectrale émise par l'atome d'hydrogène neutre dans le domaine des radios. Elle correspond à environ 1420 MHz (Mégahertz). L'hydrogène étant l'élément le plus abondant de l'Univers, il a été décidé que cette raie serait interdite d'utilisation par la population mondiale.

On s'est dit que si des communications lointaines à travers l'Univers devaient être envoyées, on utiliserait cette raie de 21 cm, pour se propager très bien, « rebondissant » sur les atomes d'hydrogène.

Le programme SETI (Search for Extra-Terrestrial Intelligence) est donc né, lancé grâce aux travaux de Jocelyn Bell, qui a découvert les pulsars, ces étoiles qui tournent sur elle-même extrêmement vite, de l'ordre de 1,337 secondes, avec son directeur de thèse Anthony Hewish (1924 – 2021).

Jerry R. Ehman, travaillant pour le SETI à Big Ear, observa cette nuit du 15 août un signal sur cette raie à 21 cm...Un signal particulier, pendant 72 secondes. Il est alors 22h15. Ce signal est connu comme le Signal Wow, rapport à l'annotation du docteur Ehman sur le diagramme.

Ce signal provient de la constellation du Sagittaire, quelque part dans l'amas globulaire M55. Ce signal est toujours soumis à hypothèse.

L'annotation « WOW » qui donnera son nom au signal

Il restera le seul signal capté sur la raie de l'hydrogène.

Chapitre 2 : Sondes dans l'espace

Pour toujours plus de précision, les télescopes terrestres, aussi performants soit-ils, sont tout de même soumis aux différentes interférences lié à leur positionnement sous l'atmosphère terrestre.

Pour palier à cet inconvénient, la solution la plus logique est d'aller installer un observatoire directement dans l'espace interplanétaire.

Durant la guerre froide, la course à l'espace entre la Russie (URSS à l'époque) et les Etats-Unis a permis l'avancée rapide des techniques spatiales.

La Lune, notre plus proche voisine, était le choix le plus judicieux.

Les russes ont été les premiers à survoler la Lune, s'y poser, et observer la face cachée en 1959 avec le programme Luna (1 à 3).

Les missions chinoises en cours ont permis de poser un astromobile sur la face cachée de la Lune. Il y a parcouru 1029 mètres.

Panorama de Yutu 2 sur la face cachée avec les traces de ses 6 roues – CNSA

Mais la Lune, avant même de s'y poser, n'avait pas l'air suffisamment loin, les missions vers Mars se sont donc multipliées, tout comme celles vers Vénus.

Nous avons déjà parlé des rover martiens, voyons ce qui s'est passé pour Vénus.

Le premier survol date du 14 Décembre 1962, par la sonde américaine Mariner 2. Plusieurs sondes atmosphériques et orbiteurs ont analysé ce qui se passe sous l'atmosphère de la planète. Les russes et les américains ont été les plus motivés.

Les européens et japonais ne s'y sont mis que récemment. Venus Express de l'ESA entre le 11 avril 2006 et le 16 décembre 2014, et Akatsuki de la JAXA circule en orbite haute depuis le 7 Décembre 2015.

Venus Express, orbiteur de Vénus – ESA

Toutes les planètes du système solaire et certaines planètes naines, ainsi que des satellites naturels ont été au moins survolés par un appareil humain. Ceci est le sujet d'un prochain livre.

Mais il serait bien de préciser que certaines inventions se trouvent désormais au-delà du système solaire.

Les sondes Pioneer 10 et 11, ainsi que les sondes Voyager 1 et 2 sont les premières à être sorties. New Horizons est la dernière.

Pioneer 10 National Air and Space Museum – Washington – Image: Jorfer

Pioneer 10, partie le 2 Mars 1972, passe l'orbite de Pluton le 13 juin 1983. Initialement parti pour survoler Jupiter, elle remplira sa mission en nous envoyant les premières images de la planète.

Se servant de l'assistance gravitationnelle pour se propulser, elle s'est dirigée vers l'extérieur du système solaire. Le dernier contact date du 23 Janvier 2003.

Pioneer 11 vue d'artiste – NASA / Don Davis

Lancée le 6 avril 1973, soit un peu plus d'un an après Pioneer 10, elle avait pour objectif d'explorer le système solaire lointain. Elle survole Saturne le 1ᵉʳ Septembre 1979.

Elle a ensuite continué sa route vers le système solaire externe, en transmettant des données sur les vents solaires et le rayonnement cosmique jusqu'en 1995.

Voyager 1 et 2 – NASA/JPL – Caltech

Lancée le 5 Septembre 1977, elle a rempli sa mission d'étudier les planètes lointaines, Jupiter et ses lunes, Saturne et ses lunes, et surtout de Titan, le plus grand satellite de Saturne.

Elle passe l'héliosphère le 16 Décembre 2004, et sort donc de la zone d'influence du vent solaire. Le 25 Août 2012, elle quitte l'héliopause, cette limite entre le système solaire et le milieu interstellaire.

Premier objet humain à sortir de l'influence du Soleil, elle est désormais à 159 ua, soit 23 847 300 726 kilomètres de son point de départ, la Terre. La NASA espère maintenir le contact jusqu'en 2025.

En 2019, une étude liée à la position en dehors de l'héliopause invalide l'hypothèse selon laquelle les trous noirs primordiaux seraient à l'origine de la matière noire de la Voie Lactée.

Voyager 2, jumelle de Voyager 1, est lancée en première, mais avec une trajectoire différente. Elle décolle donc le 20 Août 1977 et suis une courbe plus lente, ce qui permet de la maintenir dans le plan de l'écliptique, donc le même plan que les planètes.

Elle survole en dernier Triton, une des lunes de Neptune en 1989.

Elle dépasse l'héliosphère le 30 Août 2007 et l'héliopause le 5 Novembre 2018.

Le 25 janvier 2020, la sonde a brusquement basculé dans un mode de sauvegarde d'urgence qui a nécessité l'intervention de la NASA.

En effet, Voyager 2 devait tourner sur elle-même à 360° afin de prendre diverses mesures ; mais la puissance nécessaire à cette manœuvre était plus importante que ce qu'elle pouvait.

Cela a poussé la sonde à se mettre en mode urgence en coupant tous les appareils scientifiques pour garder uniquement l'énergie pour les communications avec la Terre. Tout est rentré dans l'ordre depuis.

Elle se situe à 133 ua, soit 19 925 958 404 kilomètres de nous. La NASA espère maintenir le contact jusqu'en 2025.

La NASA a récemment lancé son programme New Frontiers, un regroupement de missions d'exploration du système solaire.

Ce programme commence le 19 Janvier 2006 avec le lancement de New Horizons, à destination de Pluton et Charon. Elle rejoindra l'orbite de Pluton le 14 Juillet 2015. Les données envoyées ont mis 9 mois en tout à nous parvenir. C'est grâce à New Horizons que nous avons observé la fine atmosphère de Pluton.

Deuxième sonde de ce programme, Juno. Destinée à Jupiter, elle fut lancée le 5 Août 2011 et à rejoint la planète géante le 5 Juillet 2016.

*La grande tache rouge de Jupiter, photo prise par Juno le 11 juillet 2017 –
NASA/SwRI/MSSS*

Troisième sonde opérationnelle de New Frontiers, OSIRIS-Rex, lancée le 8 Septembre 2016. Elle a comme objectif l'analyse et le retour d'échantillon de l'astéroïde Bénou ; objet géo croiseur de la Terre (ce qui veut dire qu'il coupe son orbite). Le 20 Octobre 2020, les échantillons sont prélevés. Elle devrait rentrée courant 2023.

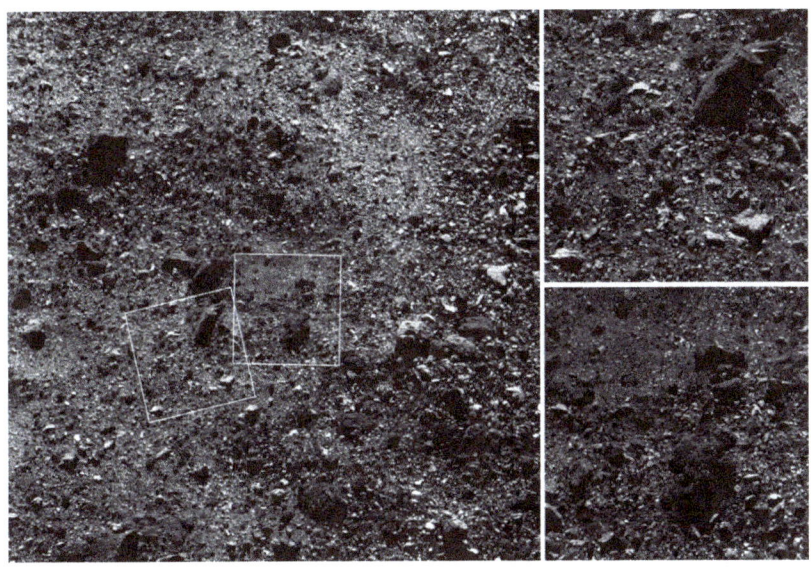

Région de l'hémisphère Nord de Bénou à 1,8 km d'altitude – OSIRIS Rex

Du coté Européen, l'ESA à lancé le 2 Mars 2004 Rosetta, à destination de la comète 67P – Tchourioumov-Gerasimenko. La sonde est arrivée le 6 Août 2014. Après quelques mois en orbite, elle envoie le 12 Novembre 2014 un petit atterrisseur nommé Philae.

Pour les chanceuses et chanceux participants, dont je fais parti, l'ESA avait partagé cette atterrissage en direct. Le spectacle était magnifique. Un souvenir inoubliable.

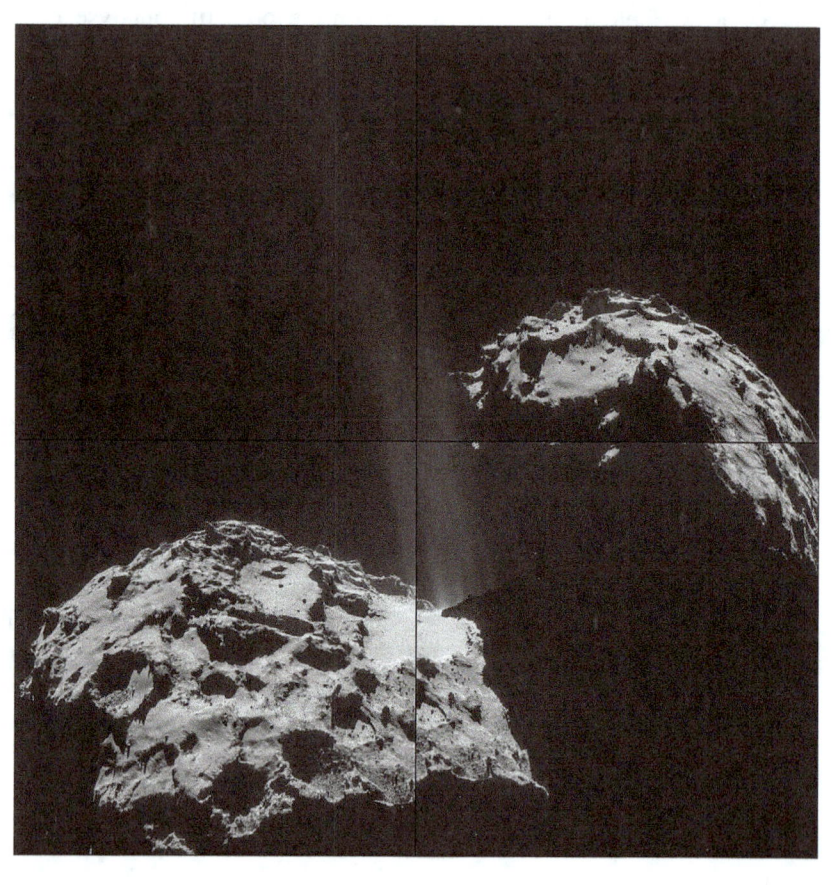

Jet de gaz et de poussière provenant du noyau – ESA/Rosetta/NAVCAM

Chapitre 3 : Les télescopes spatiaux

Dernier point abordé dans ce livre, les télescopes spatiaux. Le plus connu d'entre tous certainement, Hubble. Et le plus récent est le JWST, pour James Webb Space Telescope.

Mais il existe plein de télescopes astronomiques suivant les longueurs d'ondes qu'ils observent. Des rayons gamma, X, ultraviolet, infrarouge, radio, à la lumière visible.

Les plus marquants et connus sont certainement les deux cités au début.

Hubble à été le précurseur en matière d'image. On lui doit le fameux champ profond, ainsi que les premières images des Piliers de le Création. Lancé le 24 Avril 1990, il est toujours en activité aujourd'hui. Il tient son nom d'Edwin Hubble (1889 – 1928), à qui on doit, entre autre, la découverte de l'expansion de l'Univers.

En 1995, il a été décidé de photographier une partie du ciel, qui correspond à ce qu'on pourrait observer si on regardait à travers le chat d'une aiguille tenue à bout de bras. Cette partie du ciel n'est composée, à première vue, que de quatre étoiles de faible luminosité qui serviront de pointeur au télescope.

L'image est une mosaïque des 342 photos prises par Hubble. Elles se décomposent en 4 longueurs d'ondes différentes :

300 nm (nanomètre) ultraviolet: 42h40m

450 nm Bleu : 33h30m

606 nm Rouge: 30h20

814 nm Infrarouge: 34h20m

Champ profond de Hubble – Techno-Science

On peut y compter pas moins de 3000 galaxies. Dans un endroit du ciel représentant un 30 millionième de la sphère céleste de l'hémisphère Nord. La même chose a été photographiée au Sud. Ce qui suggère un Univers homogène et isotrope.

Une autre image, appelée le champ ultra-profond de Hubble a été reprise en 2017, avec des temps d'exposition plus grand. L'image est encore plus impressionnante.

Le champ Ultra Profond de Hubble, 29 Nov. 2017 – NASA /ESA/ R. Ellis Caltech

Intéressons –nous maintenant au télescope le plus récent envoyé en orbite, le James Webb Space Telescop, soit le JWST comme il est très souvent abrégé. Son nom lui vient de James Edwin Webb (1906 – 1992), administrateur de la NASA (1961-1968) au moment du programme Apollo.

Ce télescope a été lancé le 25 Décembre 2021, il se situe au point L2 de Lagrange, se situant en opposition de la Terre par rapport au Soleil.

Il a transmis sa première photo le 12 juillet 2022, elle montre l'amas de galaxies SMACS 0723, situé à 4,6 milliards d'années.

Il est connu pour ses clichés particulièrement précis, malgré la distance, grâce notamment à son instrument MIRI (Mid InfraRed Instrument) développé en France.

Les Piliers de la Création dont nous parlions juste avant montre l'évolution entre les images prises par Hubble et par le JWST. Il s'agit d'un vaste nuage de gaz er de poussière, véritable pouponnière de futures étoiles.

Ci-après l'image de Hubble, suivi de celle du JWST.

Image prise en Janvier 2015 – NASA/ESA/STSCI

Les Piliers de la Création par le JWST – NASA/ESA/STSCI

Ces fameux Piliers se situent dans la nébuleuse de l'Aigle, appelée aussi M16 dans le catalogue Messier.

Malgré toute la beauté de ces deux clichés, la Nébuleuse M16 est encore plus vaste que les Piliers, dont la plus grande « colonne » mesure près de 4 années-lumière. Pour rappel, 1 année-lumière représente à peu près 10.000 milliards de kilomètres.

Sur la photo page suivante, les Piliers se situent vers le centre de l'image. Pour une plus belle vue, l'image a été pivotée de 90° vers la droite.

La nébuleuse de l'Aigle M16 – Rotation de 90° vers la droite

Chapitre 4 : Les satellites particuliers

Dans la grande famille des satellites, ceux qui vont être abordés ici concerne le fond diffus cosmologique.

Au départ de l'Univers, 380 000 ans après ce qu'on appelle le Big Bang, la première lumière a été libérée. Cette lumière est encore présente dans le cosmos. Elle s'est refroidi jusqu'à environ 3 Kelvin, du fait de l'expansion de l'Univers, elle est donc passée dans le domaine des micro-ondes. Son nom anglais la qualifie d'ailleurs ainsi, le CMB pour Cosmic Microwave Background.

Ce rayonnement fossile (son autre nom), peut être observé. Pour les plus anciens lecteurs, dans le fourmillement noir et blanc, caractéristique de l'absence de réception du signal des anciennes télévisions à tube cathodique, était composé de l'ordre de 3% de ce fameux fond diffus cosmologique.

L'expérience d'Arno Penzias (1933 -) et Robert Woodrow Wilson (1936 -) a permis de mettre en évidence ce « bruit de fond » qui s'est avérer être le rayonnement micro-onde cosmologique en 1965.

De base, leur antenne aux laboratoires Bell devaient permettre de détecter l'écho radar des satellites et d'observer la voie lactée aux longueurs d'ondes aux alentours de 7 cm.

Trois satellites ont donc été construits pour aller mesurer ce rayonnement.

Le premier, COBE (**CO**smic **B**ackground **E**xplorer) lance en 1992.

Le deuxième en 2003, WMAP (**W**ilkinson **M**icrowave **A**nisatropy **P**robe).

Le troisième Planck.

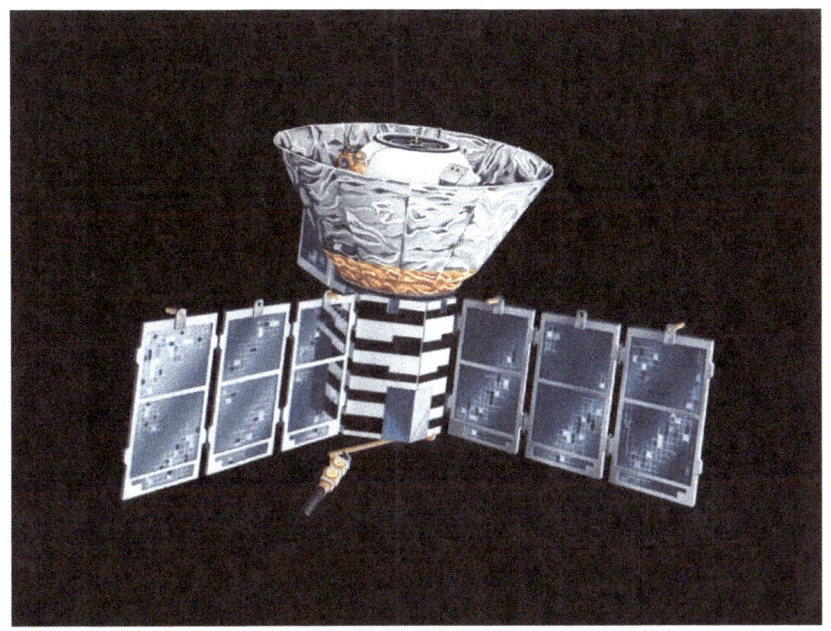

Satellite Cobe - Wikipédia

Le satellite est lancé le 18 Novembre 1989 et placé en orbite à 900 km d'altitude. Il effectue un tour par minute pour observer le cosmos. C'est grâce à lui que nous connaissons la température du CMB, soit 2,728 K, soit autant au dessus du zéro absolu (-273,15°C).

Et la nature du rayonnement, semblable à un corps noir, est validée par COBE. Ces observations sont donc des preuves solides que la cosmologie actuelle est une théorie tout à fait convenable.

Le satellite WMAP – NASA

Lancé le 30 Juin 2001, il améliore les analyses d'un facteur 68 000. Il a permis, en plus d'atteindre une précision phénoménale, de contraindre les paramètres de la cosmologie. Les mesures effectuées confirment l'hypothèse du modèle standard de la cosmologie. L'âge de l'Univers par exemple, est daté précisément à 13,77 milliards d'années.

Sa mission s'est achevée le 19 Août 2010.

Le satellite Planck – ESA/Ducros/IAS

Lancé le 14 mai 2009, il envoie une première image de la voie lactée, comportant pas moins de 35 millions de pixels. Encore plus précis que son prédécesseur WMAP, l'âge de l'Univers passe à 13,799 milliards d'années. La constante de Hubble peut être calculée, tout comme la densité baryonique ou la courbure de l'Univers.

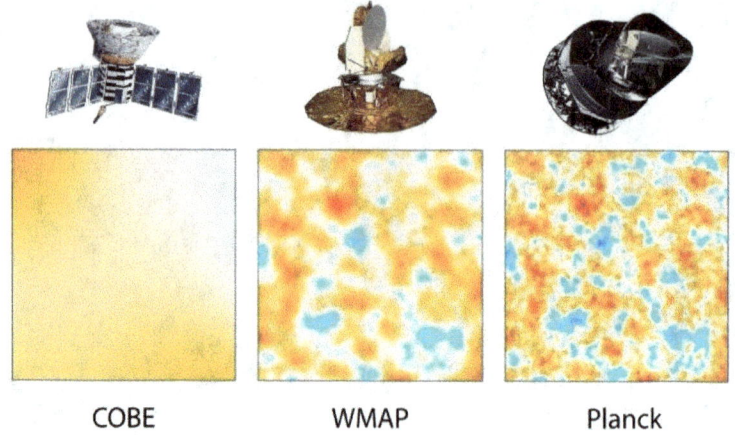

COBE WMAP Planck

Comparaisons des images – NASA/JPL – Caltech/ESA

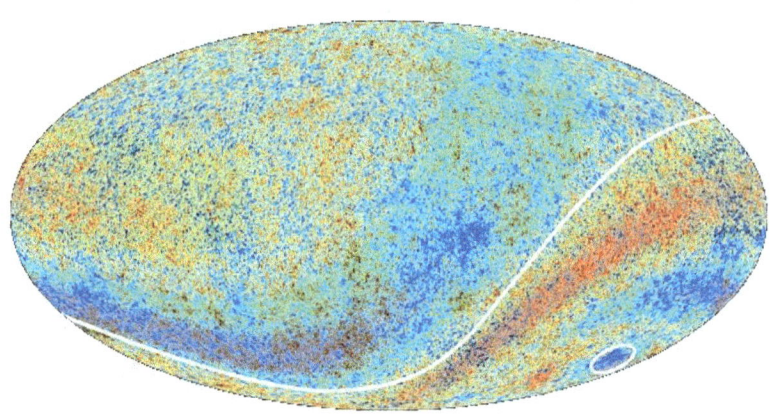

Le fond diffus cosmologique observé par Planck – ESA

Chapitre 5 : Les Horloges Atomiques

Dans la quête d'un temps universel aussi précis que possible, l'invention de l'horloge atomique s'est avéré être une évidence. Le premier prototype de 1949 sera américain, et utilisera de l'ammoniac.

Mais c'est en 1955 qu'en Angleterre fut mise au point la première horloge atomique. La fréquence de cette horloge est de plus de 9 milliards d'oscillations par seconde, soit une erreur de 1s pour 30 ans.

Nous connaissons à l'heure actuelle trois types différents d'horloge atomique. La technique a changé, mais le nom est resté.

Les *horloges à jet de césium* : On utilise un atome de césium 133. Par un procédé d'aimant (ou optique), on sélectionne uniquement les atomes qui se trouve au niveau d'énergie F = 3.

L'utilisation d'un oscillateur à quartz permet aux atomes d'interagir avec ce signal électrique. La fréquence est de 9 192 631 770 Hz, soit autant d'oscillations par seconde.

Cette interaction fait passer l'atome de l'état F = 3 à l'état F = 4. Une fois arrivé dans cet état, l'atome de césium émet de l'énergie pour rejoindre le potentiel de plus basse énergie.

Un dispositif capte alors cette énergie. C'est le principe de l'horloge atomique, elle comptabilise les transitions.

C'est la différence entre les oscillations du quartz et des atomes qui donne l'incertitude de l'horloge.

En 2005, l'horloge à fontaine de césium aux Etats-Unis affichait une incertitude de 5.10^{-16} seconde par siècle.

Horloge atomique étalon des Etats-Unis en 2005 - NIST

Les *horloges à rubidium* : Un peu moins précise que celles à césium, elles ont l'avantage de pouvoir être miniaturisées. Son fonctionnement repose lui aussi sur un oscillateur à quartz. Les atomes de rubidium sont logés dans une cellule de résonnance. Elle modifie l'absorption, que l'on mesure alors, de la lumière des atomes à la fréquence optique du rubidium. Cette lumière provient d'une lampe spectrale de rubidium elle aussi.

Les *horloges à hydrogène* : Vous croiserez peut-être le nom de « Maser », pour **M**icrowave **A**mplification by **S**timulated Emission of **R**adiation, utilisant non pas de la lumière comme le laser, mais bien des micro-ondes.

Qu'elles soient à hydrogène actif ou passif, ces horloges sont pour le moment les plus stables dans le temps.

Il s'agit essentiellement de piéger les atomes d'hydrogène dans une cavité recouverte de téflon, et piégés par une source micro-onde. Le changement d'état, comme pour le césium, permet de vérifier la fréquence du quartz.

Maser à hydrogène passif pour le satellite Galileo - ESA

Les *futures horloges* : Qu'elles soient à résonnance optique ou nucléaire, comme avec le thorium-229, la précision des horloges n'a pas fini d'être améliorée dans les années à venir.

J'espère que ce voyage au sein du système solaire vous aura plu. J'ai pris énormément de plaisir à regrouper, traduire, et expliquer au mieux toutes les données que j'ai accumulées pendant un certain nombre d'années. Ce livre, même s'il n'est pas exhaustif, permettra, je l'espère, d'attiser votre curiosité et d'explorer à votre tour cette formidable aventure du système solaire, et même au-delà !

Le véritable voyage de découverte ne consiste pas à chercher de nouveaux paysages, mais à avoir de nouveaux yeux.

Marcel Proust

Notes de l'auteur :

Je tenais à remercier chaleureusement toutes les personnes qui m'ont soutenu dans ce projet un peu fou d'écrire ce livre.

Mes parents, ma sœur qui a été la première lectrice, mes nièces et toutes ces personnes qui me suivent sur Instagram. Je pense notamment à *La Petite Page de la Physique*, que je vous conseille de suivre.

Une pensée aussi toute particulière à mon grand père, sans qui je n'aurai sans doute jamais eu la passion de l'astronomie.

Il y a aussi Anthony et Johan, que j'ai eu la chance de rencontrer à l'observatoire de Meudon, lors des Visites Insolites du CNRS. C'est après cette journée mémorable que je me suis enfin décidé à entreprendre l'écriture de ce livre.

Ainsi que tous les vulgarisateurs scientifiques :

Aurélien Barrau	Hubert Reeves
Jean Pierre Luminet	Christophe Galfard
Etienne Klein	Horizon Universe
Julien Bobroff	Michel Mayor
Eric Lagadec	Alain Aspect
Roland Lehoucq	David Luapre
David Elbaz	Bruce Benamran
Marc Lachièze-Rey	Stephen Hawking
Cédric Pardanaud	Et tous les autres…

Et Thomas Pesquet bien sûr.

Table des matières :

Livre 1 : La Terre

Livre 2 : La Lune

Livre 3 : Le Soleil

www.ingramcontent.com/pod-product-compliance
Lightning Source LLC
Chambersburg PA
CBHW071132220526
45467CB00015B/858